U0340659

天天养颜
5分钟
Skin Care
5 Min Everyday

图书在版编目(CIP)数据

天天养颜5分钟 / 范姝岑, 刘乙编著. -- 成都 : 四川科学技术出版社, 2013.4
ISBN 978-7-5364-7565-6

Ⅰ. ①天… Ⅱ. ①范… ②刘… Ⅲ. ①女性-美容-基本知识 Ⅳ. ①TS974.1

中国版本图书馆CIP数据核字(2013)第004603号

天天养颜5分钟

范姝岑　刘乙　编著

作　　者: 范姝岑　刘乙
摄　　影: 范姝岑(大麦文化)
编　　辑: 刘颖
责任编辑: 丁大镛
装帧设计: 姜可亮
模　　特: 何静
责任出版: 邓一羽

出版发行: 四川出版集团·四川科学技术出版社
成都市三洞桥路12号　邮政编码610031
成品尺寸: 200mmx182mm
印　　张: 6.75
字　　数: 150千字
制　　版:
印　　刷: 四川盛图彩色印刷有限公司
版　　次: 2013年4月第1版
印　　次: 2013年4月第1次印刷
定　　价: 25. 00元

ISBN 978-7-5364-7565-6

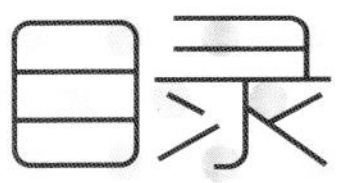

CONTENTS 目录

Page 1 > 第一章：
关键词——洁面
完美肤质 从洁面开始

目录 CONTENTS

目录 CONTENTS

{第一章}

Chapter 1

完美肤质 从洁面开始

关键词：

[洁面]

每个女孩，都希望拥有姣好的容颜，小说里经常形容的肤如凝脂相信是所有女孩心中的梦想。光洁的皮肤，白皙、红润、清透，不仅会为女生整体气质提高分数，更是自信心的重要来源。在这里，我们不谈高科技的医学美容，不聊天价昂贵的护肤品，我们倡导最天然、安全、快捷、有效的护肤理念。

在护肤养颜的所有程序中，清洁是所有肌肤美容的基础，这一关键的步骤会让你的美容护肤过程有个良好的开端。肌肤的彻底清洁将会决定接下来所有步骤的有效性，所以，每个爱美的女孩都要知道：完美肤质，从洁面开始。

模特：何静

Be Educated!
Study Time

5分钟之 洁面自测大讲堂

FIVE MINUTES LESSONS

想要达到完美的洁面效果，了解自己的皮肤是最重要的。只有知道自己的皮肤属于哪种类型，才能更好地完成洁面过程。在洁面自测大讲堂中，我们将带你了解不同肤质到底要怎样洗脸才最有效，选择什么样的洗面奶，才是最适合自己皮肤的优质洁面产品。

(一)我的皮肤洁面属性

每个女孩洁面的时候都需要针对自己不同的肤质、肤色以及想要达到的效果做出明确的判断，同时选择正确的洗面奶等洁面产品配合适当的手法进行皮肤的清洁，才能达到最理想的洁面效果。下面，请姑娘们就针对自己的肤质为自己做个自测吧，从此开始有目的性的洁面，进而达到自己想要的结果。

1.“油”MM

很多女孩子本来面目清秀、可爱动人，却总是因为脸上油光闪闪让自己显得不是很清透。而且洗面奶选择不对的情况下，不仅不能得到改善，反而会产生更加油腻的感觉。如果MM们觉得自己不仅仅是鼻翼两侧尤其是额头总是出油，就连面颊都会有油脂的话，那么你一定是油性皮肤了，在选择洗面奶的时候，选择专门控油类产品比较好。

油性肌肤的MM特点就是，用上任何护肤品，还是觉得面部油腻，尤其是夏天，上妆十分不容易，脸上油光可见。这样的皮肤如果不在洁面的时候做到彻底的清洁，不仅容易堵塞毛孔导致痘痘丛生，即使使用了昂贵的护肤品也没有办法很好的吸收，因为毛孔的油脂堵塞了输送营养的渠道。于是我们一旦确定了自己是油性皮肤，就要根据油性皮肤的特点选择清洁力强，控油效果出众的洗面奶来使用。只有这样才能达到良好的清洁效果，让肌肤彻底洁净，更好地吸收接下来的营养品。

2.“痘”MM

这类MM的皮肤是最好辨识的，因为会有大大小小的痘痘出现在脸上，让爱漂亮的MM们又气又急，一旦发现自己是长痘类型的皮肤，就要确定自己是出油导致的还是缺水导致的，只有水油平衡才能达到不长痘痘的理想境地。

对于洁面产品来说，直接选择祛痘产品会比较有效，但是一定要选择相对天然一些的洁面品，毕竟肌肤已经受损，过分的刺激只会产生更坏的效果。痘痘型MM们要严格清洁皮肤，就是因为皮肤层有不干净的细菌才会导致皮肤起痘。对症下药的洗脸，是祛痘的第一步。

3. “干” MM

这一类MM无论春夏秋冬，尤其是冬天，皮肤干燥皲裂，特别是洗完脸后，皮肤紧绷在脸上，嘴角会出现一层层白色的细纹。这样的MM属于干性肌肤，会比较敏感，千万不要用过分强力的清洁型洗面奶，这会让肌肤更加干燥，缺失水分。这样的MM不仅皮肤状态会相当不舒服，还有可能因为水油不平衡而导致起痘痘，这种干燥型的痘痘会更加让人头疼。

皮肤干燥的MM，选择一款让自己洁面后有舒适感，皮肤细滑的产品会比较好，不仅清洁力达到一定效果，还不会让肌肤过分干燥，是干性皮肤洁面的重点。本来角质层就比油性肌肤薄弱的肤质会因为洗面奶的选择不恰当引起过敏等症状。所以说，在了解到自己是干性肌肤的时候，就要注意清洁步骤以及洁面产品。不要过分揉搓面部，尽量选择温和补水型的洗面奶。

4. “黑” MM

有这样一类MM，皮肤肤质细腻，不油不干，却偏偏肤色较黑，或者暗淡无光，发黄。这样的MM通常最想改善的也就是自己皮肤最明显的劣势——肤色。俗话说一白遮百丑，想要达到完美的肤色，如镁光灯般细白，自然要全方位美白提亮。如果肌肤不能彻底清洁，对于后续的美白产品自然不能更好地吸收，只有让肌肤毛孔无障碍，无堵塞，才能将优质的美白产品彻底让肌肤“饱饮”一番。

对于一些洗面奶自身就带有美白功效，想要急速美白的MM们可以试着选择，前提是清洁力要相对好些，天然柔和一些。使用时搭配一定的洗面手法，从每一个环节进行美白，相信一定能收到成效。关键还是在于对自身肌肤的识别以及想要达到的效果的认定。

5. “孔” MM

肌肤要细腻无暇，天敌就是毛孔粗大，如果MM觉得自己毛孔清晰可见，并且在经过一天的各种紫外线、灰尘、辐射的侵害下皮肤明显变糟糕时，就要为自己敲响警钟了。毛孔粗大不仅容易让皮肤吸收更多的灰尘导致过敏，起痘，还容易泛红，加速老化。所以说，每天清洁肌肤就成为重中之重的工作。把毛孔彻底清洗干净，同时使用收缩毛孔的产品，坚持下去，相信肌肤一定会有所改观。

（二）洗面奶的量身定制选择

我们每天都要做的一件事就是洗脸，从小时候用的老上海药皂，到现在琳琅满目的各种洁面产品，洁颜油、洁颜粉、洗面奶、洁面皂，等等，到底哪一种是适合你的清洁法宝，每次站在柜台前犹豫不决的你，有没有想过为自己量身定制洗面奶呢？在之前了解了自己的皮肤状况之后，就要根据皮肤的要求以及个人的喜好来选择了。千万不能盲目，适合自己的产品才是最好的产品。

1. 泡沫丰富，清洁力极强

对于爱出油，毛孔相对粗大的MM来说，选择泡沫丰富、清洁力强的洗面奶，会让面部清洗后有比较舒服的清透感。如果你喜欢洁面后面部干爽，控油性强的话，一定要选择此类产品，清洁力较强，而且容易冲洗，比皂剂产品又温和许多。细腻丰富的泡沫会带走毛孔里的污垢，洗后感觉不滑腻，还你清爽面容。

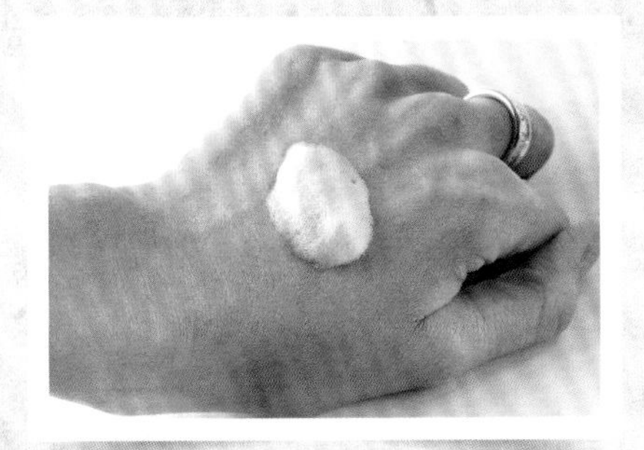

口碑推荐：

经济型： 佰草集 平衡洁面乳

独有的双向动平衡系统，能洗净面部油脂，帮助干燥部位保持水分。

质感： ★★★★☆

泡沫丰富度： ★★★☆☆

清爽度： ★★★★☆

去油力： ★★★★☆

品质型： 碧欧泉清脂平衡洁肤摩丝。

去除皮肤多余油脂，使其清新、纯净。

质感： ★★★★★

泡沫丰富度： ★★★★★

清洁度： ★★★☆☆

去油力： ★★★☆☆

2. 油质啫喱，轻松洗颜

随着科技的不断进步，越来越先进的洁面产品层出不穷，五花八门。对于爱美的MM来说，只要是好产品就喜欢试一试，但是一定要选择适合自己的。对于洁颜油等溶剂型的产品来说，是靠油与油相容的溶解力来祛除油垢的，在洁面的时候大部分感觉是在用油揉搓，但是，用水冲洗后会有比较洁净的感觉。啫喱类的产品也是如此，依靠特殊的质地将皮肤中的脏物揉搓出来，喜欢此种洁面方法的MM可以选择这两款洗面奶。

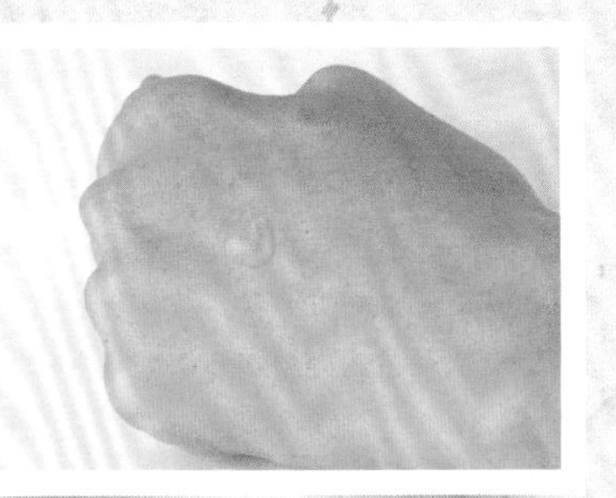

口碑推荐：

经济型： VICHY油脂调护洁面啫喱

深入清洁肌肤，让毛孔通透。

质感： ★★★★★

泡沫丰富： ☆☆☆☆☆

清洁度： ★★★★☆

去油力： ★★★☆☆

品质型： 植村秀洁颜油

明星产品，卸妆洁面二合一。

质感： ★★★★★

泡沫丰富： ☆☆☆☆☆

清洁度： ★★★★☆

去油力： ★★★★☆

3.因地制宜，针对祛痘

要控痘单单凭祛痘产品的急救是治标不治本的做法，如果想让痘痘“胎死腹中”就需要选对好的祛痘洗面奶。并且坚持预防胜于治疗，洗面就是预防的重要一步。这一类型的洗面奶不仅可以帮助软化肌肤表层，带走毛孔内多余油脂和污垢，而且还能淡化黑头，洁面后可以感觉减少了过量油脂分泌。不单单是清洁力，还要注意低刺激性，因为油性及暗疮性肌肤使用太刺激产品的话，也不利于皮肤恢复。

口碑推荐:

经济型: 北京同仁堂-医圣草本祛痘消印洁面乳洗面奶

纯天然草本精华祛痘洁面乳，平衡油脂分泌，补充水分，平复青春痘，消除痘印，令肌肤回复健康状态。

质感: ★★★★☆

泡沫丰富: ★★★☆☆

清洁度: ★★★★☆

去油力: ★★★★☆

品质型: FANCL洁颜粉

清爽无添加设计，主打产品，辅助起泡球更加清爽洁净。

质感: ★★★★☆

泡沫丰富: ★★★★★

清洁度: ★★★★☆

去油力: ★★★★☆

4.保湿轻柔，温和第一

干性皮肤最好不使用泡沫型洗面奶。可以用一些清洁霜或者是无泡型洗面奶。目前，清洁油类产品在一些中高档产品中品种较多，因为相对清洁霜而言，这类产品肤感比较清爽。通常这种泡沫较少的洗面奶相对温和许多，不仅清洁力和有泡沫的相同，而且洗过以后面部不会紧绷。但是这种类型的洗面奶选择起来要慎重，因为如果你是十分喜爱泡沫的MM就不要选此类洁面产品，如果你不喜欢洗后面部会保持的滑腻感，那也不要考虑这种类型的洗面奶了。总之，因人而异，关键还是找到适合自己的产品。

口碑推荐:

经济型: 肤美灵洗面奶

国货经典，质地柔和，洗后不紧绷，面部清爽不滑腻，保湿效果好，性价比高。

质感: ★★★★☆

泡沫丰富: ★☆☆☆☆

清洁度: ★★★★☆

去油力: ★★★☆☆

品质型: 欧舒丹蜂蜜洗面奶

成分简单，天然植物，质地柔和，洗后面部细腻，蜂蜜的滋润甜而不腻。

质感: ★★★★☆

泡沫丰富: ★☆☆☆☆

清洁度: ★★★★☆

去油力: ★★★★☆

Study Time

5分钟之洁面技巧私塾

洗脸这件我们每天都在做的事情听上去是多么的普通而又无技巧可言，但是，如果没有正确的洗脸方法和技巧，除了能改善心理作用以外，对皮肤其实没有多大的好处；相反还会带来很多负面影响。其实，洁面是有很多技巧可言的，本节将为MM们提供最全面的洁面知识，让每天的洗脸变得更有效果，更有针对性。

(一)肌肤清洁的正确步骤与时间

1. 洗脸应该分几步

我们每天至少要洗两次脸，有的时候还会清洗更多次数，季节、环境、外出次数多的朋友尤其会经常洗脸。但是，就是这个大家天天都在做的小事情却包含了很多的内容，并不是用水冲洗那么简单。正确的洗脸方法会让洁面效果更出众，同时掌握正确的时间也很关键。调查显示80%以上的人洗脸方法都有错误或疏漏，由此可见黑头、痘痘等皮肤问题都与洗脸方法不正确、清洁不彻底有关。即使用再昂贵的化妆品，操作方法不正确，同样起不到清洁美容的效果。

STEP ~1~ 温水湿润面部

洗脸用的水，温度适中是非常重要的。有些MM图省事，直接用冷水洗脸；有的人认为自己是油性皮肤，要用烫手的水才能把脸上的油垢洗净。其实这些都是错误的洗脸方式，正确的方法是用温水。这样既能保证毛孔充分张开，又不会让皮肤的天然保湿油分过分丢失。

STEP ~2~ 揉搓洗面奶

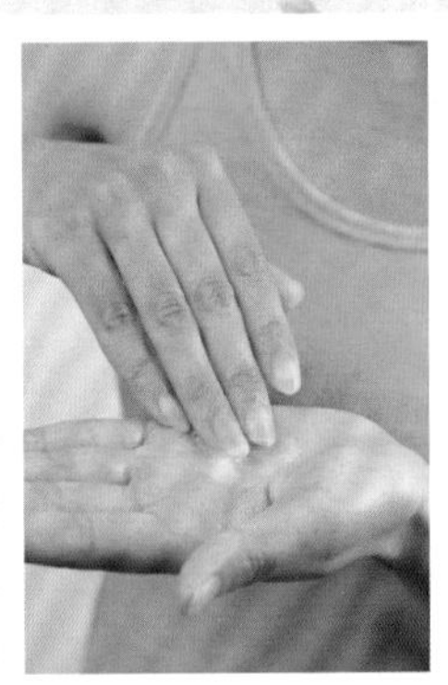

无论用什么样的洗面奶，用量都要适中，面积有硬币大小即可。在向脸上涂抹之前，一定要先把洁面乳在手心充分打起泡沫，或者揉搓开。因为，如果洁面乳不充分起沫，或者没有均匀使用，不但达不到清洁效果，还会残留在毛孔内引起青春痘，同时，我们如果借助一些容易让洁面乳起沫的工具，效果会更好。

STEP ~3~ 全脸按摩

把泡沫涂在脸上以后要轻轻打圈按摩，不过不要太用力，以免产生皱纹。大约按摩15下左右，让泡沫遍及整个面部。揉搓的时候要全面，额头，眼窝，T字区，下巴等都要清洗细致，千万不能只洗脸颊两侧。按摩的手法也很有讲究，要由下自上，从里向外，沿肌纹按摩，用力要均衡。这样下来就不仅仅是简单的洁面，还可以让皮肤放松，毛孔打开，更好地清洁面部。

STEP ~4~ 洗净洁面乳

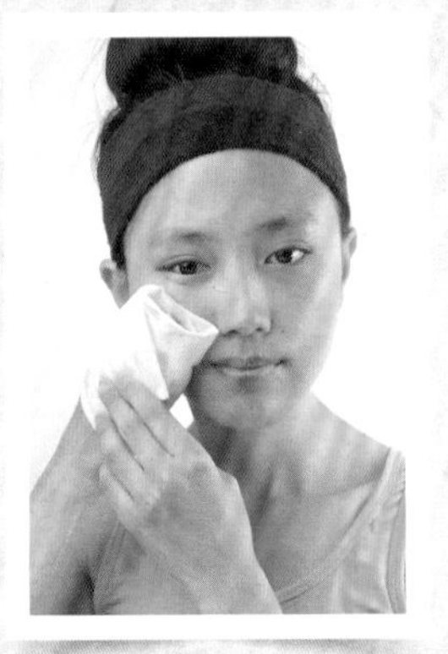

用洁面乳按摩完后，便可以用水清洗了。有一些MM怕洗不干净，用毛巾、海绵等洁面辅助品用力地擦洗，这样做对娇嫩的皮肤非常不好。正确的方法是用湿润的毛巾轻轻在脸上按压，反复几次后就能清除掉洗面奶，同时又不伤害我们的肌肤。反之用那种使劲揉搓的方法会让皮肤过早的生长皱纹，而且会让毛孔变得相对粗大。

(STEP ~5~ 检查)>

所谓检查，就是指用清水洗净后，MM们以为脸就洗完了，其实不是。我们要对着镜子好好照一照，检查一番，看看发际周围，耳垂下方还有没有残余的洗面奶或者泡沫。很多人都会忽略这一步骤，但其实是十分重要的，很多女孩发际周围，腮处容易长痘痘，大都是因为忽略了这一步导致残余的洗面奶堵塞毛孔进而影响毛孔呼吸而开始长痘痘的。所以说，检查这一步骤是十分关键的。

(STEP ~6~ 冷水拍打)>

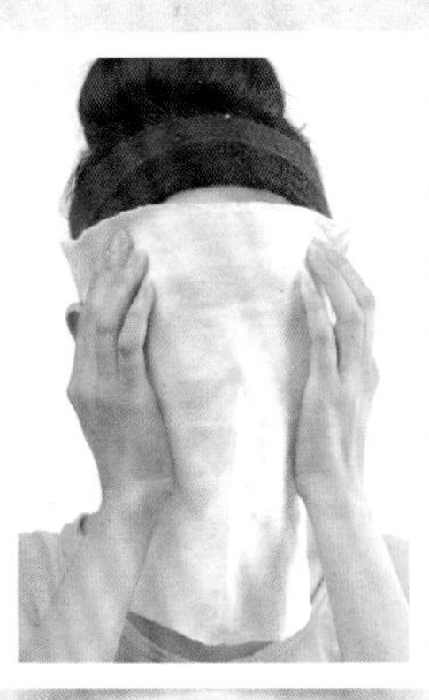

你觉得检查完了就是最后一步那也错了。为了让你的洁面更加完美和有效果，在洗完脸的时候，最好用双手捧起冷水撩洗面部20下左右，并且用蘸了凉水的毛巾轻敷脸部。这样做不仅可以使毛孔收紧，同时能促进面部血液循环。到此处也才算完成了洗脸的全部过程。

温馨Tips:

按照这个步骤洗脸，不仅会让你惊喜地发现面部变白了，还会让你感受到异常的清透以及健康。合理的洗脸方法会让洗面奶的效果充分发挥，让毛孔畅通无阻，以便后来使用其他护肤品的吸收。对于爱漂亮的MM来说，千万不可小看了洁面，只需在我们平时的基础上更加细致一些就可以取得明显的效果，最关键的还是任何事情都贵在坚持，只有坚持这样的洁面步骤，才能更好地享受洁面带来的神奇功效。

2. 洁面最优时间

我们每天虽然都在洗脸，但是到底要洗多长时间却不是每个人都知道的。大多数人也从来没有认真地计过时，然而不同肤质洗脸是要有正确的时间的。不能太短，但是也不能太长，不是时间越久就越好。有的MM为了达到洁净的效果，要对面部揉搓很久很久，其实这些都是错误的洗脸方法，用太多的时间根本不能有效清洁，但是时间过长，却有可能让肌肤水分流失，导致毛孔粗大，或者更加干燥，角质层被严重破坏等等情况的发生。

- 油性和混合性皮肤的MM洁面建议时间为: 3~5分钟。
- 中性及干性皮肤的MM洁面建议时间为: 2~3分钟
- 正确的洁面步骤加上合理的洁面时间，一定会让洗脸这个简单的事情变得更有效，更省力。

（二）洗面奶的使用技巧及严防洁面雷区

前面为MM们在皮肤自我定位以及洗面奶的挑选上提供了一些建议，并指导了大家怎样洗脸才是最有效果的方法。接下来要告诉大家一些洗面奶使用上面的技巧，掌握了以下技巧不仅可以在洗面奶的使用上起到节约的作用，还可以让不同洗面奶发挥自己事半功倍的效果。就如同一辆好的汽车不是谁都可以驾驭出它最佳的性能，洗面奶用不好不仅不会达到清洁的效果，同时也会伤害脸部细腻的肌肤。

1. 洗面奶的使用技巧

（1）泡沫型洗面奶的使用

这类洗面奶的形式有很多种，乳状、膏状、皂状、粉状，虽然种类很多但是共同点就是在手上要先打出大量的泡沫，再用泡沫在脸上按摩。一定不是把洁面产品直接放到脸上后再打出泡沫。

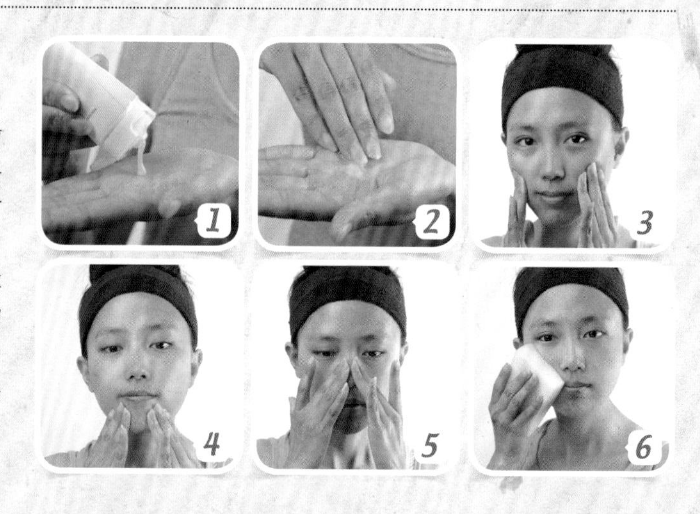

首先用湿润的双手把洁面产品揉搓出大量的泡沫，再把泡沫涂抹在湿润的面部。双手手指由唇下方向唇上方画半个圆圈。其次鼻翼，额头，眼周，颈部等等都要使用由下及上的按摩手法5~10次，这样时间上并没有占用很多却在洗脸的时候达到了很好的按摩效果。最后用大量流水将脸上的泡沫清洗干净，其他顺序遵循之前指导的洁面步骤。

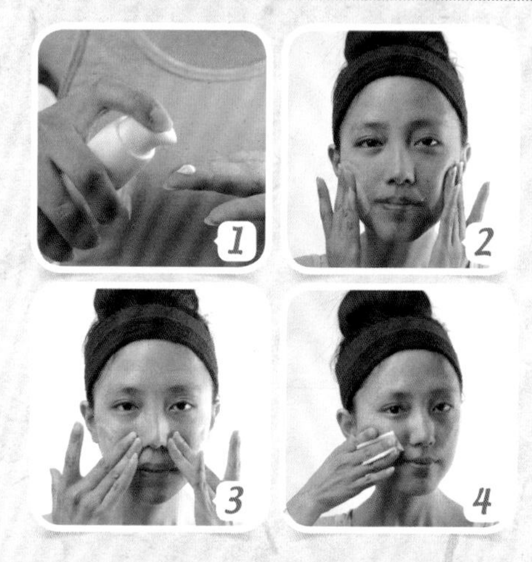

（2）无泡沫型洗面奶的使用

这类型洁面产品使用起来有的会比较特殊，会像卸妆油一样需要干手干脸使用。注意事项是一定不要节省，用量要充足，否则会出现扯拉皮肤的现象，容易破坏肌肤还容易引起皱纹。在面部打圈按摩时无阻碍即比较适中。

使用无泡沫型的洁面产品的时候可以借助化妆棉。首先取适量的洗面奶在化妆棉上然后用棉布或者指尖均匀地揉搓面部、颈部。依然用打圈的方式轻轻按摩为宜。T字区是打圈的重点。最后可以用化妆棉擦拭干净，尤其要在最后用大量的流水冲洗干净。

有的洁面产品在使用说明上表示用水湿润后再涂抹，但是由于是不起泡沫的产品，而且洗面奶比较稀，MM们依然可以用干手在脸上揉搓，用最适合自己的方法将洗面奶的效果和功用发挥到极致。

(3)洁面小秘籍

对于洁面过程来说，如果是泡沫型的洗面奶，如何让泡沫丰富是很有技巧的一件事情，除了用手不停地揉搓外，还可以借助很多的起泡的小工具来进行。一些洁面产品会配有发泡工具，如DHC、THE BODY SHOP、FANCL都有自己专门的打泡工具，网上也有很多打泡用品卖，不过自己制作一个也不是那么麻烦，相反简单实用又实惠。

材料: 洗澡用的沐浴球、自己喜欢的颜色的绳子、剪刀一把。

方法:

1.从沐浴球上剪两块下来，第一块两个手掌大小，另一块眼镜布大小的正方形。

2.将第一块捏成小团包在另一块中间。

3.用绳子将口扎紧，打一个结实又漂亮的蝴蝶结，就变成一个小包袱状。

于是一个小巧又方便的自制打泡小工具就做好了，使用的时候先把小工具打湿，再把洗面奶挤在小工具上，用手轻轻揉搓就可以打出细腻丰富的泡沫了。有了这个小秘籍，洗脸这件天天做的事情也会多一份乐趣，同时又可以有很棒的效果。

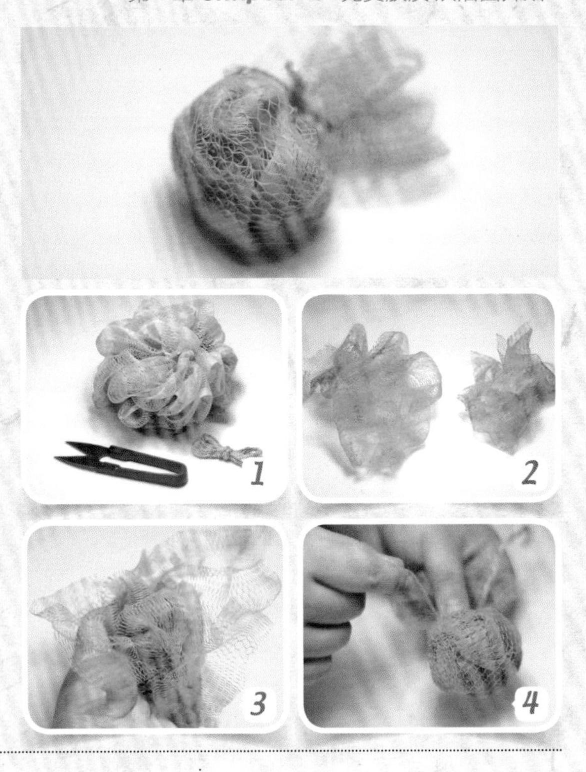

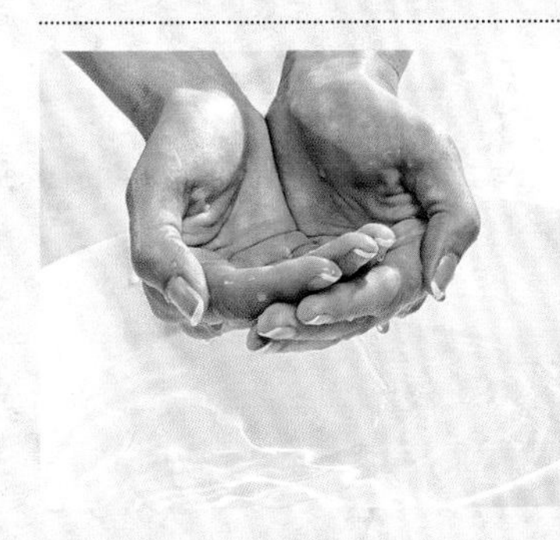

2. 洁面区域性扫雷

以上告诉大家很多应该如何洁面更有效果，如何选择最适合自己肌肤的洁面产品以及一些方法步骤的指导，接下来要告诉大家，什么是十分错误的做法，对于这些不正确的做法，我们要像扫雷一样一一清理排除，千万不要犯类似的错误。

雷一：脸盆

很多人洗脸都是用盆洗，在过去这是再正常不过的事情。但是盆这种器皿时间久了很不卫生，况且如果用盆洗脸的话，打完泡沫冲洗的时候水会越来越浑浊，最后根本不会起到彻底清洁的作用。不如用流水捧着洗，一次比一次干净，这样才能达到彻底的清洁。

雷二：热水

不少MM习惯用热水洗脸，觉得这样可以更洁净，水温特别高，这样看似去油的方法会严重破坏皮肤组织，损伤毛孔，会让皮肤更加的脆弱、敏感。所以说，一般用温水清洗就可以了，水温一定不要过高。

雷三：湿毛巾

湿毛巾不仅会滋生细菌，而且对皮肤也不好，湿毛巾时间久了的话滋生的细菌会让皮肤起小痘痘甚至是黑头。皮肤被湿湿的毛巾摩擦也很不舒服，所以建议大家还是准备好干毛巾或者化妆棉擦拭。千万不要用长期湿润的毛巾擦脸，这样对皮肤损害很大。

（三）卸妆的重要性及要点

爱美之心人皆有之，随着彩妆业的大规模发展，越来越多的MM喜欢化妆，就算是裸妆其实也会在皮肤上添加很多的面部产品，尤其是油脂的防晒、隔离等等，普通的洁面产品根本不容易清洗，需要用专业的卸妆产品才能把皮肤上的这些负担通通洗去，然后再用普通的洁面产品清洗，这样才能达到最终清洁皮肤的效果。

皮肤上的脏污可分两类，一类为灰尘、汗液、角质代谢物的水溶性污垢；另一种就是皮脂、油污、化妆品等油性污垢。水溶性污垢只需用普通洁面产品就可轻易去除，而化妆品类的油性污垢，就必须用油溶性成分的卸妆乳、卸妆油来清除。

选择卸妆品，建议使用较好的卸妆乳或者卸妆油，它具有溶油性强却不会给肌肤带来过多负担的特点，让你既能干净卸妆，又不会油腻腻的脸上很不舒服，可以让你完全保持住肌肤原有的水分。化妆品、空气中的杂质、各种油脂，千万不能让这些最最破坏我们肌肤的杂质残留在皮肤里，在使用任何护肤品前，让肌肤保持最清透的状态才是达到最好吸收效果的最佳前提。

卸妆产品除了我们知道的卸妆乳、卸妆棉、卸妆油等等，还有特别的眼唇卸妆产品，因为眼部唇部都是非常脆弱的部位，所以会有特别有针对性的产品。大家要选择适合自己的，尤其是针对不同的卸妆需求，无论是普通的防晒卸妆，还是浓浓的彩妆卸妆，大家都要严格选择适合自己的产品，做好基础护肤的第一步，也是非常重要的一步，为后面所有的保养打下良好的基础。

卸妆虽然不是复杂的事情，但是这项工作总是会在忙碌劳累的一天就要结束而开始休息的那一刻完成，多数人在这一刻都是十分疲惫的，往往就没有耐心和精力去卸掉粉底、眼影，以及顽固的睫毛膏等等，带着残妆就上床大睡起来，这样长久下去，皮肤就会严重的报复你，雀斑、脂肪粒、暗哑无光等等。所以，即是自己再累，也要彻底清除面部污垢，好好地洗脸护肤然后再上床睡觉，千万不能应付了事，胡乱擦拭，因为那样毫无功效不说，还容易弄伤皮肤。

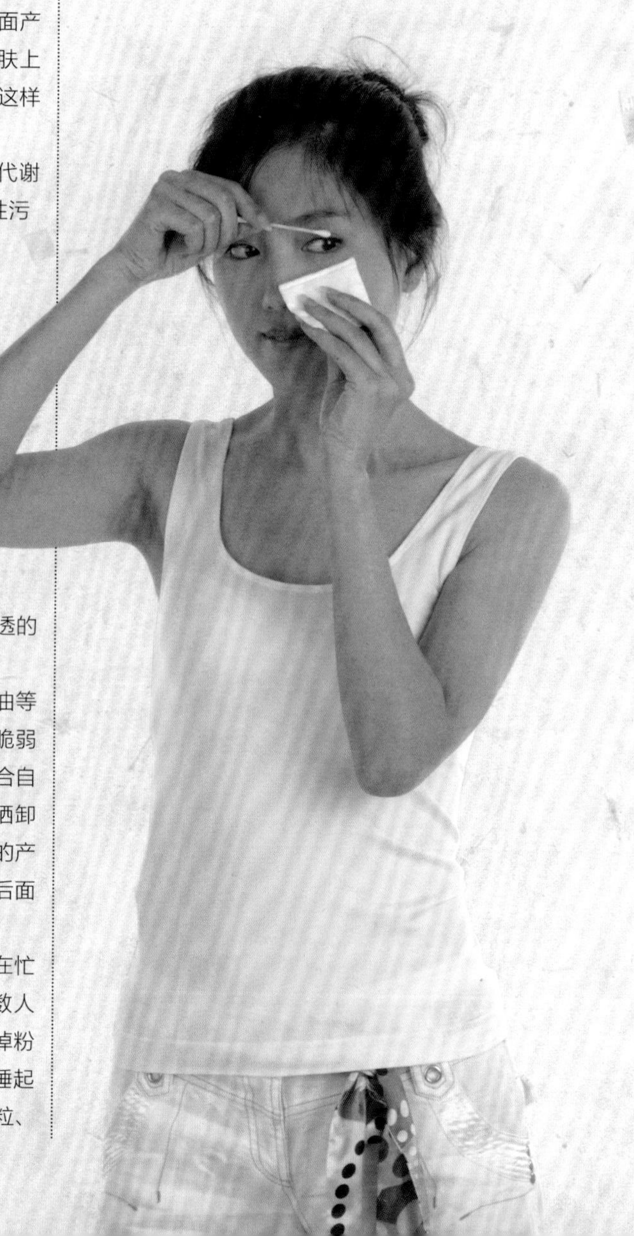

1. 卸妆的正确步骤

卸妆同普通洁面一样，也是有很严格的步骤的。只有按步骤进行，才能让肌肤科学地彻底清洁，同时又有护肤的效果。

（1）如果MM想将顽固的彩妆全部安全卸掉，首先要将沾有眼唇卸妆液的化妆棉，轻轻敷在眼皮及周围10秒左右，接下来就可以比较轻松的卸净眼妆。针对睫毛膏，用棉棒蘸取卸妆液由根部往上轻柔的旋转便可擦拭掉。

（2）接下来更换新的化妆棉，充分蘸取卸妆产品后，轻轻按压双唇5秒钟，再从嘴角往中间轻轻擦拭，如果是唇纹较深的MM，可以用棉花棒辅助将残妆卸净。

（3）然后取适量的卸妆油或者乳放在掌心温热，均匀涂在脸上并且慢慢的微按摩肌肤。

（4）最后加点水乳化，再次快速按摩全脸肌肤，用清水大量反复冲洗，彻底将所有的污垢、灰尘、彩妆以及油脂彻底清洗干净。

口碑推荐：

（1）兰蔻360度超瞬白精华卸妆乳

推荐理由：兰蔻清滢洁面卸妆乳拥有一步到位的清洁效果，乳液状的质地，能够温和清洁眼部及脸部彩妆。使用时将适量产品以画圈方式轻轻按摩于脸部及眼周，然后再用化妆棉拭去。

（2）资生堂美透白洁肤蜜

推荐理由：这款洁肤产品为不含油脂的洁肤蜜，只需要轻轻的按摩就能轻松地溶解粉底，让毛孔深处的污垢都浮现出来，确实地卸除干净。而且此款产品还能快速地卸除含有黑色素的老旧角质。使用后感觉清爽不油腻，并具有保湿效果。

（3）FANCL新净化卸妆油

推荐理由：这款卸妆油一直以来都是明星产品，名模、女艺人都十分青睐，能更快、更彻底地卸除眼、面及唇部妆容，透过可以深入毛孔最底层的纳米技术，一并清除化妆品和所有污垢，杜绝残留物令肌肤氧化，这样可以有效防止面黄、暗疮及粉刺等肌肤问题出现。

2. 严防卸妆雷区：

（1）卸妆前一定先清洁双手，避免手上的细菌沾染卸妆产品。

（2）卸妆时和洁面一样，不要用大力擦拭，手法要顺着肌肤的纹理来按摩。

（3）顺序上我们应该先卸除色彩较多、较重的部位，比如眼影、唇膏等，然后再清洗其他部位。

（4）卸妆的时候一定不要忘记发际的部位也要好好清洁，否则很容易引起细菌感染诱发痘痘。

（5）千万记得卸妆后要用适合自己的洁面产品再清洗一遍，要用温水，过凉过热都不会有好的清洁效果。

(四)怎样去角质最安全

皮肤的发干黯哑不仅让肤色看上去不红润透亮，还有可能是因为角质层厚而导致的洁面不彻底，其他护肤产品不好吸收等原因。所以说，在所有清洁，护肤等程序之前，根据个人情况，不定时的要做一次面部的去角质，只有这样，才能让肌肤更通透，更好地吸收护肤产品，摸上去细滑水嫩。

但是，去角质的安全性是特别重要的，任何肤质都要了解一点：去除老旧角质，不仅可以促进皮肤的新陈代谢和吸收力，还对改善皮肤有所帮助。关键要在去除老旧角质的时候还要保证不“伤及无辜”，保护好新鲜的角质，这样皮肤的厚度就不会减少，皮肤也不会受到伤害，还会使其保护力及肌肤活力大大增强。所以我们要更加安全地去角质。

1. 清洁面膜

安全理由：面膜成分不会对肌肤表面有过强的剥削，清洁强效，无须按摩，通常的清洁面膜会选择火山泥或者海底泥藻之类，可以将老化角质软化剥落，加强皮肤的新陈代谢，同时还具有滋润的效果，补充新鲜的角质所需要的水分和养分。

温馨Tips:

必须在变干之前及时清洗，否则也会对皮肤有损害，敷面膜后要及时使用化妆水和滋润的面霜来补充肌肤所需水分。

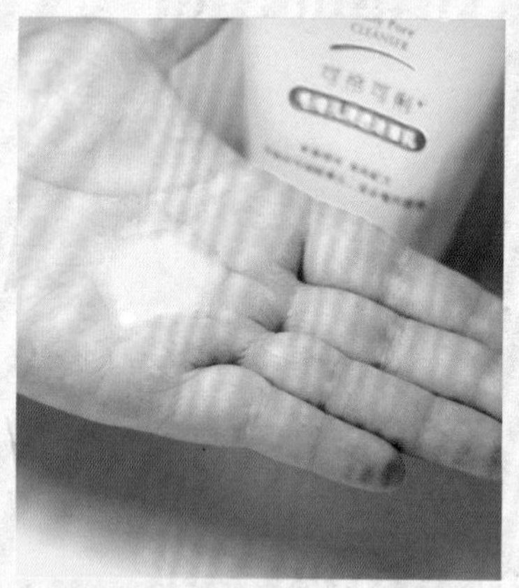

2. 强效洁面

安全理由：本来只是属于比较强效的洁面产品，每天也都在进行，不用特别地去角质，但是也可以将毛孔打开，让老旧角质浮上来。这一类的清洁产品通常会含有细微的磨砂颗粒，不会让皮肤觉得不适，但是会在洗脸后让人觉得比较清爽，也不用花费很多的时间。

温馨Tips:

这一类的磨砂类洁面产品要配合一定的手法才会更好的发挥功效，比如打圈按摩，使用时要比平时洗脸的时间长一些效果才更好。

3. 神奇精华液

安全理由：多数人不会想到，其实精华液也有去角质的功效，无须按摩，不必清洁，就会在不知不觉中溶解老化角质。一般的精华液，都有软化角质，让肌肤加强更新换代的效果。所以，选择一款好的精华液，对于肌肤较薄的MM来说是个不错的选择。

温馨Tips:

一些去角质的精华白天会受到紫外线的影响，对肌肤容易产生轻微的刺激，所以只能晚上使用，还要配合化妆棉，这样可将老化角质带走，使用后需要及时的补充水分。

(五)洁面一条龙之化妆水

对于洁面来说，其实是无处不在的，化妆水有了正确地使用方法也是非常不错的清洁产品。而且对于平时时间比较紧迫的都市MM来说，每天可以将两个步骤合二为一，巧妙地使用化妆水，是非常节约时间而又有效果的好方法。

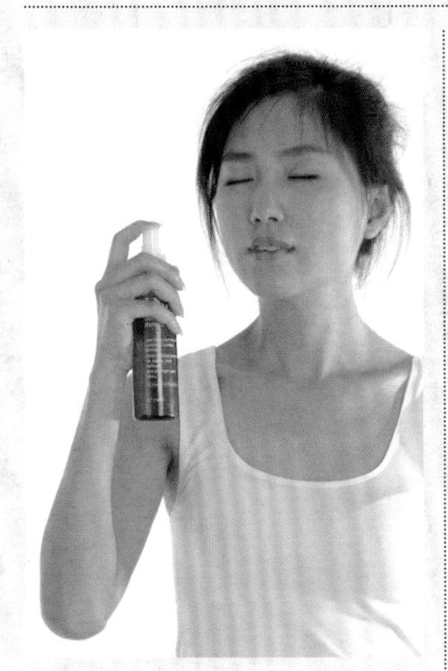

1. 意外的用途

首先，化妆水让洁面过程变得简单又温和。将化妆棉充分被化妆水蘸湿，然后做整个面部的擦拭，虽然是在洁面过后，但是还是会看到棉片上有一些老化的角质，黄色的物质，会让你觉得自己的面部怎么会还有这么多的脏东西，难道自己刚刚没有洗过脸吗，这就是用化妆水擦拭的有效清洁效果。

温馨Tips:

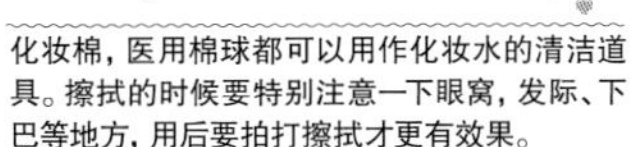

化妆棉，医用棉球都可以用作化妆水的清洁道具。擦拭的时候要特别注意一下眼窝，发际、下巴等地方，用后要拍打擦拭才更有效果。

2. 合理的利用

接下来要告诉大家的是，化妆水听上去和我们大家好像很远，其实化妆水只是一个统称，和我们每个人都很有关系，不同的化妆水有不同的效果，清洁、保湿、美白、紧肤等等，关键还是要看你有什么样的需求，但是，如果用棉片擦拭这种方法，多少都会有些许的清洁效果，最后加上拍打，会明显提高肌肤对化妆水的吸收。

温馨Tips:

化妆水有不同的类型，效果也有所不同，对于洁肤后的化妆水，重要的还是保湿，收缩，如果其他例如美白，抗老化等等的需要，要针对自己的肌肤做出最合适自己的选择。

3. 震惊！最天然的收缩水

肌肤清洁过后，毛孔全部打开，这时最关键的步骤之一就是收缩毛孔，紧致肌肤，这样，肌肤才会更加的细腻。所有的化妆水、收缩水等，就算成分再天然，也没有水天然。大家可以把水放在洁净的瓶子里。冬天就用凉白开，夏天冷藏一瓶水，彻底洗完脸之后，用冷水拍打在脸上，会有很好的收缩毛孔的效果，而且制作超级简单，省事又省时。这么天然、效果佳的收缩水，大家一定要多加利用哦。对于有些自来水水质不好的地区，也可选择纯净水或蒸馏水。

(六)洁面一条龙之眼部清洁

眼睛应该是我们面部肌肤最脆弱的部分，如果不好好爱护，这心灵的窗户就会变得黯淡无光，而我们的眼周也就是窗框，则会最先衰老，出现让我们整个人都无精神的状态，即眼纹、黑眼圈、眼袋、脂肪粒、鱼尾纹，眼周整体肌肤的松弛等等，当我们的眼睛状态不佳的时候，再好的面部保养也是白搭，人依然看上去老态凸显，所以，好好的爱护我们的眼周肌肤是十分重要的。

如何才能叫好好的保养眼部的肌肤呢？自然还是从清洁开始。通常，我们如果化妆的话，都知道眼部肌肤是压力最大的，大部分细致的妆容都在眼部，眼睛如果修饰得漂亮，整体的妆容就算是成功，所以说，眼部肌肤自然也要接受很多的化妆品带来的侵害。

打底的隔离，粉底，再到眼霜、眼影、眼线、睫毛膏，等等。小小的一块眼部肌肤就要接受这么多的外来物，我们要如何才能将它彻底的清洗干净又不伤害肌肤呢？过分的揉搓、擦拭，十分容易让眼部起皱纹，清洁不彻底又容易起脂肪粒等等，所以我们一定要按步骤卸眼妆，彻底清洁眼部，这样才能将清洁做到完美。

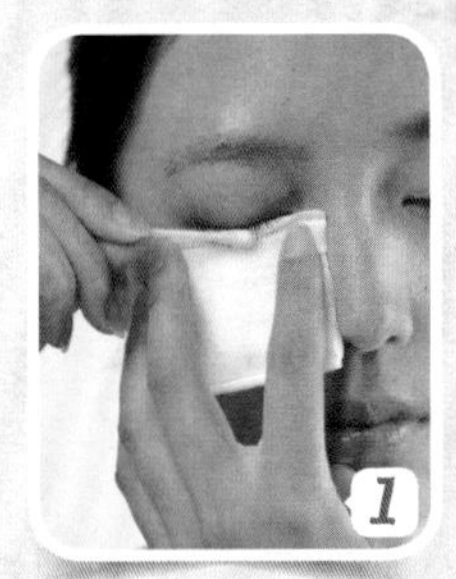

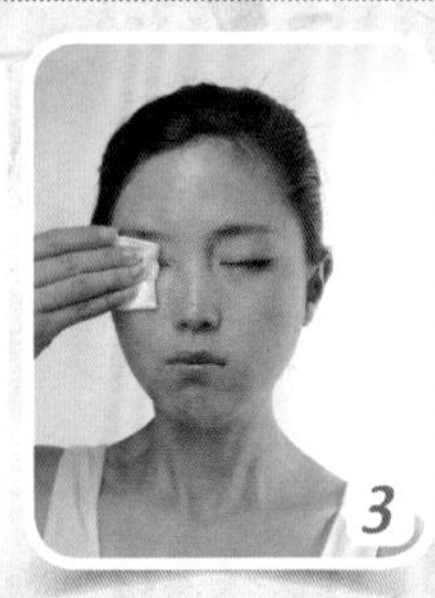

步骤一：

准备几支棉花棒及纸巾，将纸巾对折放在下眼睑部位，闭上眼睛，再用蘸取了卸妆液的棉花棒，由睫毛根部旋转向下抹去。随后张开眼睛，将纸巾放在下眼睫毛底部，然后用棉花棒逐下逐下由睫毛根部向下抹擦。

步骤二：

用化妆棉蘸取眼部专用卸妆液，在眼部及周围轻轻按5秒，让棉片有充分的时间溶解睫毛膏、眼线上的防水成分。

步骤三：

滴少许卸妆液在化妆棉上，然后闭上双眼，依照眼皮的肌理，由眼角向眼尾方向慢慢抹擦过去；抹下眼线位置时双眼要向上望，可用一只手轻轻按住内眼角，尽量避免过度拉伸眼部肌肤而产生细纹。

步骤四：

清洁眉毛应先由内向外轻擦后，再用棉花的反面逆着眉毛的方向从外向里再擦一遍。

步骤五：

睫毛与眼影卸完后，眼线或眼影的残妆还会有些许遗留在细小的睫毛间或眼皮皱褶中。这时用棉花棒蘸取卸妆液，以与眼睛垂直的方向小心擦拭。以免化妆品停留在脆弱细嫩的眼周肌肤上，造成对肌肤的伤害，之后再做整体的面部卸妆。

（七）洁面一条龙之"T"字区

对于整体的面部清洁来说，最难解决也是最容易出油的地方就要属"T"字区了。这一部分不仅容易出油，毛孔最易粗大，十分不容易清洁，也是容易诱发痘痘粉刺的地方。如果这一部分的清洁功课没有做好，整体面部看上去都脏兮兮的，黯沉，发黄，甚者还会出现以前俗话说的印堂发黑。所以，MM们一定要做好"T"字区的清洁工作。

1. T区清洁小秘籍

（1） 洗脸时，除了使用洁面皂或洁面乳来达到彻底清洁的效果外，还可以借助洗面刷彻底清除鼻部的污垢。

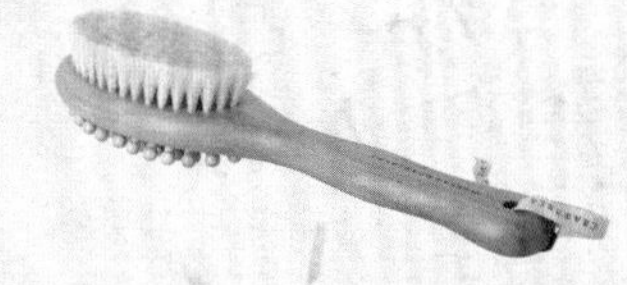

（2）每周可做1~2次蒸脸，每次约5分钟时间，于洗脸后进行。借助蒸脸可以使鼻部的毛孔扩大，隐藏在毛孔内的污垢会自动流出来。但是，蒸脸后，一定要以先前提到的清凉的冷水冲洗，同时双手轻轻拍打面部，以达到收缩肌肤毛孔的效果。

（3）日常洁面后，应以柔软的化妆水在鼻翼易生粉刺的部位稍用力揉搓，这样可以防止粉刺的产生。

（4）如欲压挤鼻头粉刺，可以用化妆纸或化妆棉包住指头挤压。同时，挤过后应以化妆棉浸满化妆水，敷贴在"T"字区，以达到消炎镇痛之作用。

2. "T"字区最有效的武器——搓

口诀：用卸妆油或BABY油在T字区耐心地搓、搓、搓，进而达到以油溶油的效果，让卸妆油抵达毛孔最深处，把黑头都搓出来！

实战：这一招是适合很多MM的方法，反正平时回到家要卸妆，趁这个时候多使用一些卸妆油，在T字区重点清洁一下，一点也不麻烦，看着电影，听听歌就按摩了。要按照"从内向外"、"从下向上"的顺序进行打圈按摩，而且鼻子两侧的"鼻沟"处最容易出油，并且经常会清洁不到，导致黑头丛生，要用食指从鼻孔向鼻翼的方向多推几次。如果你没有卸妆油，买一瓶强生BABY油也可以，又经济又好用。

温馨Tips:

这种方法见效不一定很快，但是取材方便、方法简易，耐心搓搓，一段时间之后，肯定有黄色、白色的油脂，黑头等小颗粒出现在指尖啦。

Be Educated!
Study Time

5分钟之 洁面美食私房菜

FIVE MINUTES LESSONS

女生的美，其实是由内而外散发出来的。吃得健康，皮肤、肤色等等才会健康，多数身体的机能都是靠食疗调理出来的。皮肤更是如此，严格把控好自己的肠胃，对于皮肤的光泽、细腻是很有帮助的，对于毛孔粗大、皮肤油油不清透的MM来说，为自己准备一些属于自己的私房菜，相信对于肌肤的清洁也会有很大的帮助。

(一)吃什么毛孔最清透

姐妹们每天就算再控制食量，无论是减肥还是养生也都要吃东西的，大家都知道蔬菜水果是最好的选择，但是哪些蔬菜水果又是专门针对皮肤的呢？到底吃什么才能让我们保持光洁红润的肌肤，增加肌肤自身的修复能力，保持毛孔的清透还会有水润嫩白的效果呢？其实真的可以吃出来，只要多多的摄入以下的几种食物，少吃油腻食品，相信光洁美肌不再是难事，吃也能吃出健康肌肤。

1. 西兰花（青花菜）

西兰花含有丰富的维生素A、维生素C和胡萝卜素，不仅能增强皮肤的抗损伤能力、还有助于保持皮肤弹性，多食西兰花，粗大受损的毛孔也会有所改善。

2. 胡萝卜

胡萝卜素有助于维持皮肤细胞组织的正常机能，多食熟的胡萝卜，可以调理肌肤的表面，减少皮肤皱纹，保持肌肤润泽细嫩。

3. 牛奶

牛奶是皮肤在晚上最喜爱的食物，不仅能够改善皮肤细胞活性，有延缓皮肤衰老、增强皮肤张力、消除小皱纹等功效，还会使MM肤色更嫩白透红。

4. 大豆

大豆中含有丰富的维生素E，不仅能破坏自由基的化学活性、抑制皮肤衰老，增强肌肤的防御功能，还能防止色素沉着。

5. 猕猴桃

猕猴桃是所有水果中营养元素最高的，富含维生素C，可干扰黑色素生成，并有助于消除皮肤上的雀斑，对于清透美肌的养成是一种必食水果。

6. 西红柿

西红柿中含有番茄红素，有助于展平皱纹，使皮肤细嫩光滑。常吃西红柿还不易出现黑眼圈，更不容易被晒伤，是保持肌肤健康状态的上佳选择。

7. 三文鱼

三文鱼中的脂肪酸能消除一种破坏皮肤胶原和保湿因子的生物活性物质，可以防止皱纹产生，避免皮肤变得粗糙，让毛孔适中保持光洁细嫩。

8. 海带

海带含有丰富的矿物质，经常食用海带能够调节血液中的酸碱度，防止皮肤过多分泌油脂，让肌肤始终保持干爽清透，是清透毛孔的有效食品。

（二）和大油脸Say goodbye，吃出干净面孔

很多女生皮肤都是油油的，尤其到了夏季，更是满脸放光，不仅不好上妆，而且显得皮肤油腻不洁净。于是，我们会教授大家几道美味又可以使皮肤洁净的营养餐，让爱出油的MM们不再为大油脸烦恼，吃出一副洁净面庞。

1. 清火排毒美容粥

{材料}：

薏仁、百合、红枣各适量。

{制作}：

○1薏仁、百合淘洗后用温水浸泡20分钟。

○2将红枣洗净，与薏仁、百合连同浸泡水一起放入锅中，加水煮开后转小火煮。

○3直至薏仁开花，汤稠便大功告成。

美肌Tips:

这道粥品，冷热均可食用。夏季如果放入冰箱中，加蜂蜜食用，不仅可以清火，消肿，还可清理身体毒素，是道对皮肤非常好的粥品。

2. 紫菜萝卜黄瓜芝麻靓汤

{材料}：

胡萝卜、黄瓜、紫菜(干)、豆腐、芝麻各适量。

{制作}：

○1将黄瓜、胡萝卜洗净后切片。

○2豆腐用清水洗净，切片备用。

○3锅内放水，放入胡萝卜、黄瓜、豆腐、芝麻同煮。

○4待胡萝卜软烂时，放入紫菜、盐、胡椒粉略煮即可。

美肌Tips:

这款靓汤可以清肠明目，对于皮肤油油的MM来说，这款素素的汤有助于抑制内火，并且利尿润燥，隔断时间喝一次对皮肤很好，对清理身体垃圾也有帮助。但是MM要特别注意，胡萝卜和人参、西洋参药效相反，不要一起食用。

3. 甘甜雪耳汤

{材料}：

银耳、芡实、冰糖各适量。

{制作}：

○1将银耳用冷水冲洗干净，再浸入温水发胀。

○2连浸银耳的热水一同倒入煲内，加入芡实，合盖。

○3煮或者炖的时间约两三个小时，这时的银耳就像一朵朵雪花一样，加入冰糖即可食用。

美肌Tips:

夏天的时候这款爽口爽肤的小甜品也可以放在冰箱里冷冻后食用，清汤煲雪耳有很强的强肥润肌功效，皮肤保湿了，水油平衡了，自然也不会出现大油脸的状况了。

温馨Tips:

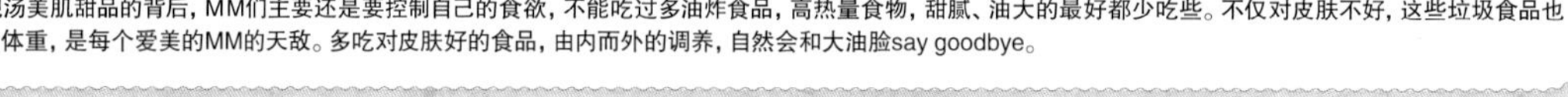

在这些靓汤美肌甜品的背后，MM们主要还是要控制自己的食欲，不能吃过多油炸食品，高热量食物，甜腻、油大的最好都少吃些。不仅对皮肤不好，这些垃圾食品也容易增加体重，是每个爱美的MM的天敌。多吃对皮肤好的食品，由内而外的调养，自然会和大油脸say goodbye。

FIVE MINUTES LESSONS

Study Time

5分钟之洁面DIY学院

天然纯净的产品一直以来都是护肤达人的上上选择，但是，如果自己掌握了一套实用、经济又超级有效的护肤秘方的话，洁面这个过程不仅会变得轻松，还会更加有趣。无论是卸妆产品，还是去角质，抑或是洁面面膜，其实都是可以用自己生活中的小道具加天然成分制作出来的。针对自己的皮肤状况，天然环保的护肤，肌肤洁净了，自己更爱自己了。

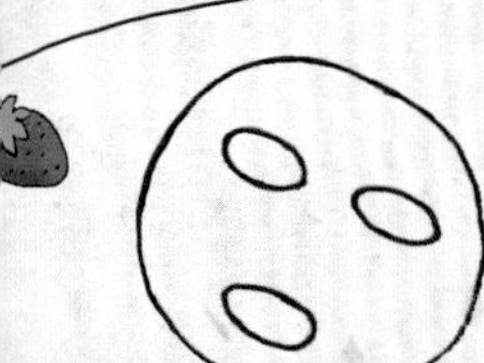

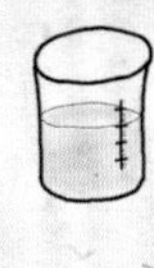

(一)自制天然卸妆油

市面上卸妆油、卸妆乳等等卸妆产品琳琅满目。效果好一些的价格也偏高，对于四季防晒，化妆较勤的姑娘来说，也是一笔不小的开销。而且由于种类很多，各家都说自己的产品好，所以十分难以挑选。倒不如自己动手制作卸妆油，不仅经济实惠，而且还会根据自己不同的状况，定制一款适合自己的卸妆油，一起动手做这件有效又有趣的事情吧。

1. 自制天然卸妆油所需原材料

(1)基础原料：橄榄油（或葡萄籽油）100毫升、吐温80/ 吐温20 10毫升

(2)备选精油（根据自己需求而定）

如：薰衣草精油10滴、洋甘菊精油10滴、乳香精油10滴

(3)另附：可爱的瓶子一个，可以搅拌的小棒一根。

美肌Tips:

自己制作卸妆油，成分简单、天然、没有丝毫的防腐剂，化学成分，还能随着自己的心情和肌肤状态改变配方。

2. 各原材料的功效

(1)橄榄油：含有丰富的维生素E，适合干性及中性肌肤。

(2)葡萄籽油：适合混合性或者油性肌肤。

(3)吐温80：也就是tween80，比较大众化的乳化剂，DHC用的也是这种，适合中干性皮肤。

(4)吐温20：tween20，油性肌肤比较适合，亲水性也比较好的乳化剂。建议80和20的混在一起使用，这样也会有不错的效果。

(5)薰衣草精油：具有消炎杀菌，促进皮肤再生的功效。

(6)洋甘菊精油：可以抗过敏，镇定肌肤。

(7)乳香精油：这款精油流动性慢，适合按摩还可以抗老化。

3. 具体制作程序

(1)将准备好的橄榄油放入器皿中。

(2)加入事先准备好的吐温，搅拌1分钟。

(3)再将选配好的各种精油滴入，继续搅拌5分钟即可。

美肌Tips:

是不是觉得制作过程很简单，制作好的卸妆油最好保存在避光的位置上，颜色非常的纯净，最重要的还是成分简单。大家还可以根据自己不同的需要添加各种精油。制作好的卸妆油味道好闻，因为有薰衣草，如果添加茶树精油的还会有凉凉的感觉。这款自制天然卸妆油很好推开，好冲洗，乳化的效果也不错，最关键的是自己为自己量身定制，适合自己的肌肤。

4. 自制卸妆油添加精油经典DIY配方

> **油性肌肤推荐:** 葡萄籽油+甜杏仁油+天竺葵精油+丝柏精油
> **中性肌肤推荐:** 荷荷芭油+甜杏仁油+橙花+玫瑰木精油
> **干性肌肤推荐:** 荷荷芭油+甜杏仁油+橙花+乳香精油+檀香精油
> **混合性肌肤推荐:** 荷荷芭油+葡萄籽油+橙花+薰衣草+芳樟叶精油

美肌Tips:

MM们要注意，精油不是必要的，根据自己的需求添加，不加的效果也不会很差，尤其是敏感肌肤，一定要慎重，因为精油如果量控制不好，更容易伤害皮肤。一般常规性的精油就是薰衣草精油，用来舒缓神经，奢侈一点的就加玫瑰精油。迷迭香、天竺葵、洋甘菊这一类精油可以促进排毒，大家根据自己的喜好来选择。

5.精油配比秘籍

精油如果浓度过高会刺激肌肤，我们要在精油的浓度合适的情况下让它发挥精油本色的特性与功效。 一滴精油约0.05毫升，1毫升大约等于20滴，所以每次制作卸妆油时，以 2毫升的基底油配上1滴的精油，每次不用调很多，但是一定要搅拌均匀。

6. 自制卸妆油的使用方法

（1）将双手清洗干净，擦干手后，倒适量的卸妆油到手掌心，轻轻揉搓然后涂在脸上。

（2）“T”字部位可以有针对性地轻轻按摩3~5分钟，因为卸妆油把皮肤上的脏东西以水包油的形式带走了。

（3）等卸妆油充分乳化后，用清水冲净。最后还要用日常的洁面产品再彻底清洗一次才算完美的洁面。

美肌Tips:

我们的毛囊孔是往下长的，所以由下往上的手法会把毛囊口里的脏油乳化出来。对于卸妆油来说，还有一个很强大的功效就是去黑头，可以先用热毛巾或者蒸脸器热敷，将毛孔打开，然后取适量卸妆油在鼻翼两侧打圈按摩5分钟左右，接着加水乳化，继续揉搓1~2分钟，最后用清水洗净，长期坚持会有明显效果。
爱美的姐妹们，用你们的巧手DIY属于自己的优质卸妆油吧，一定会比商场卖的实惠，而且是最适合自己肌肤的，根据自己的心情，更换配方，一起来做清透美人吧。

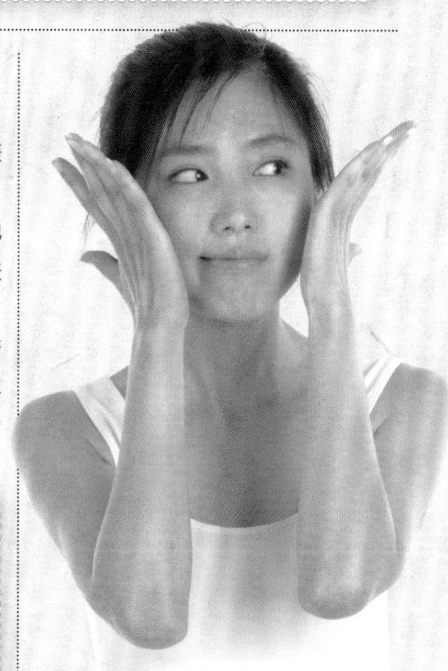

(二)DIY去角质膏

去角质对于日常肌肤护理是非常重要的一件事情，皮肤能否很好的吸收接下来的护肤品，关键在于自身肌肤角质层的厚薄，肌肤是否通透无碍。市面上的去角质膏有很多种类，但是，哪一款才是最适合自己的安全产品呢，不会伤害皮肤又适合自己的肤质。相信没什么比自己制作更安全有效的了。

1. 红豆去角质膏制作精选材料

（1）自己喜欢的可爱小罐子，建议不要太深。

（2）红豆粉：即大家平时吃的红小豆研磨成的粉。

（3）珍珠粉：珍珠粉有很好的美白效果，细小的颗粒也会起到按摩作用。

（4）食盐：粗盐和细盐的选择看自己皮肤的需求，粗盐颗粒较大，对于需要强效去角质效果的MM会比较适合。

（5）红茶：普通的即可。

（6）牛奶：美白效果极佳，对皮肤也有很强的滋润效果，还能舒缓粗盐对肌肤的刺激。

2. 红豆去角质膏DIY指南

将材料按照红豆粉：珍珠粉：盐巴：红茶叶=2：1：1：1的比例调配。牛奶只要一小勺就可了，如果很稠不好搅拌的话，可以再酌情放一些牛奶。搅拌均匀，就大功告成了。

美肌Tips:

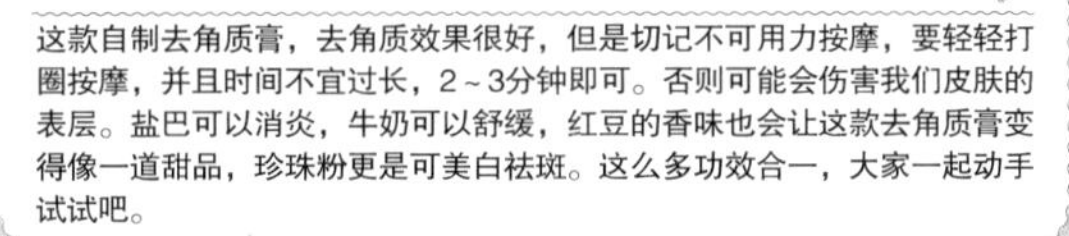
这款自制去角质膏，去角质效果很好，但是切记不可用力按摩，要轻轻打圈按摩，并且时间不宜过长，2～3分钟即可。否则可能会伤害我们皮肤的表层。盐巴可以消炎，牛奶可以舒缓，红豆的香味也会让这款去角质膏变得像一道甜品，珍珠粉更是可美白祛斑。这么多功效合一，大家一起动手试试吧。

关键步骤：

大家按摩后，一定要用温水轻轻冲洗，将面部的去角质膏冲洗干净，这时就会发现自己皮肤光洁细滑，这款去角质膏身体也可以使用，如果身体使用的话，加上黑咖啡渣还会有减肥的功效。

各位MM定期去角质，然后再使用自己的各种护肤品，效果奇佳，因为角质层变薄了，吸收也会变得非常好，这个时候特别适合使用精华液。去角质不用太频繁，根据自己的肌肤状况选择才是最明智的。

3. 针对不同肤质MM的去角质秘籍

刚才向大家介绍的是功能比较多的去角质膏的配方，其实日常生活中还有很多天然食品可以用来DIY去角质产品，最关键的是简单方便，还会有很多自己动手的乐趣，不同的皮肤会有不同的去角质秘籍，光洁MM，你也可以。

(1)甜蜜去角质

针对：爆皮、干燥，毛刺肌肤问题

方法：取少许绵白糖，加少量蜂蜜，如果皮肤特别干燥还可以再加几滴婴儿润肤油进去，这个视个人肌肤状态而定，用少量纯净水充分搅拌混合。然后涂在脸上，停留一分钟并用中指和食指按照皮肤的纹理方向，在面部轻轻揉搓按摩，最后清水清洗干净即可。

(2)食盐去角质

针对：易发炎肌肤

方法：面部清洁后，让脸保持微湿润的状态，取少量咱们日常使用的精盐，避开眼周肌肤，在脸上轻轻按摩，30秒后用大量的清水冲洗，皮肤就会变得光滑细致，一周一次即可。可以镇定消炎，让肌肤健康透亮。

(3)细砂糖去角质

针对：皮肤暗黄，粗糙问题

方法：用4勺左右细砂糖加柠檬汁半小勺，橄榄油或者蜂蜜2大勺，香精油3~5滴即可，可以根据自己的喜好添加其他精油。搅拌均匀，用指尖在面部打圈按摩，尤其是额头脸颊皮肤暗黄的地方。这款去角质膏味道十分清爽，对面部很融合，糖粒又可以剥去面部多余角质，效果非常好。

(4)核桃去角质

针对：粗糙，毛孔粗大问题

方法：将两个核桃仁研磨成细粉，加上野玫瑰蜂蜜、珍珠粉，再者根据自己肌肤的需要加点柠檬汁或者橄榄油，调匀后敷在脸上，10~20分钟后用清水洗净即可，一周一次，皮肤会有明显细滑的改变。

(5)橄榄油去角质

针对：黯沉，黑头问题

方法：取适量白砂糖和橄榄油，混合搅拌均匀，然后在面部轻轻打圈按摩，尤其是鼻翼部位。针对黑头要多多揉搓，时间自己觉得适中就好，主要还是针对T字区，多加时间，让肌肤内的油脂都被油带走，肌肤就会更加清透。

姐妹们，一起动手，为了清透肌肤，DIY各种去角质膏吧。

（四）清洁面膜，自己选择

除去卸妆油，去角质膏可以达到肌肤清洁的效果，还有一种就是具有去角质，清洁效果极佳的面膜，市面上的清洁类面膜很多，但是，自己动手来做却别有一番乐趣，而且可以根据自己的需要，随时变更配方。

1. 酸奶清洁面膜

一般酸奶喝完以后，杯壁上都会有一些很浓的剩余酸奶，加一小勺盐，稍微搅拌，然后均匀涂在脸上，10~15分钟后清洗干净，不仅实惠，而且是款效果不错又简便至极的去角质面膜。

美肌Tips:

搅拌的时候不用时间很久，那样盐会溶化，保持盐粒状是最好的。

2. 蛋黄麦片面膜

将一个蛋黄，两勺全脂奶粉，两勺燕麦片，以及柠檬精油一滴搅拌成糊状，然后敷于面部，15~20分钟后，用清水清洗干净。

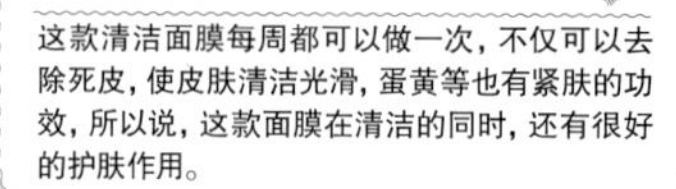

美肌Tips:

这款清洁面膜每周都可以做一次，不仅可以去除死皮，使皮肤清洁光滑，蛋黄等也有紧肤的功效，所以说，这款面膜在清洁的同时，还有很好的护肤作用。

3. 酸奶树莓面膜

将75克左右的树莓放入榨汁机榨汁，并将果汁过滤，把果肉放进平时MM们爱喝的酸奶，掌握好用量，一般大约2~3勺，搅拌均匀，然后再加入数滴甜橙香精油，并再次搅拌。洁面后将这款面膜涂抹在面部，避开眼周，15分钟左右用温水浸湿化妆棉轻轻擦拭，然后用清水洗净。

美肌Tips:

这款面膜不仅味道超级甜美，而且树莓可以起到轻柔去角质的作用，并且酸奶中的乳酸可以使肌肤亮泽。是一款洁净功效与美容功效兼备的DIY清洁面膜。

4. 杏仁麦丕面膜

先将麦坯和杏仁研磨成粉状，或者直接购买现成的杏仁粉。将一半左右的柠檬榨汁，与混合好的粉加少量的水一起搅拌成糊状。敷在脸上10~15分钟后开始用手指在脸上打圈按摩。

美肌Tips:

这款面膜具有很强的去死皮功效，用后可以使皮肤嫩滑无比。但是建议干性以及敏感性肌肤的MM不要使用，因为清洁力超强容易引起不适，但是对油性肌肤的MM就是好选择了。

5. 燕麦酸奶面膜

将燕麦或者燕麦片研磨成细粉，然后混上草莓口味的酸奶，搅拌均匀后看上去美味无比的草莓酸奶面膜就可以使用了。敷在脸上后轻轻地按摩，然后10分钟左右用清水洗净。

美肌Tips:

这款燕麦草莓面膜每星期做一次就好，利用燕麦颗粒粗粗的质感为肌肤的角质层做一次深度的清洁。而且这款面膜完全可以食用，属于健康减肥食品，爱美的MM一定不能错过。

6. 绿豆粉清洁面膜

将两勺市面上买的绿豆粉加入两勺蛋清，还可以滴两滴薰衣草精油，无须加水，调匀即可。然后用一把刷子以同一方向均匀的刷在脸上。10~15分钟过后，用清水洗净即可。

美肌Tips:

这款面膜每周可以使用2-3次，每次用过以后一定要用收缩水拍打面部，这款清洁性的面膜非常适合皮肤出油多的MM，具有很好的清洁效果，经常使用可以使皮肤充分洁净，还能增加肌肤的透明度。

7. 葡萄清洁面膜

选择4颗大葡萄或者8颗小葡萄，剥掉葡萄皮并去掉葡萄籽，然后将果肉捣碎成糊糊状。避开眼部均匀的涂抹在脸上，保持10~15分钟之后用温水清洗干净，然后涂上日常用的护肤品即可。

美肌Tips:

葡萄内含果酸，有天然的去角质功效以及抗氧化的功效，可以使肌肤丝般柔和紧致，并且还有美白亮肤的效果。虽然一开始涂在肌肤上的时候会有滑腻的感觉，但是一会儿就会感受到清爽和紧绷。所以，这款面膜具有非常好的天然清洁功效，还能提亮肤色，并且成分天然简单易操作。

到此，我们已经介绍了很多具有很好清洁力的DIY面膜的配方以及使用技巧，大家一定要定时定期的清洁肌肤才不会让肌肤干燥敏感。这些天然的材料，加上大家量身定做的使用，一定会给肌肤带来很明显的改善。当然，去角质以及卸妆的手法也要注意，不能太过用力，否则也会生出很多小细纹。大家只要持之以恒，就一定可以拥有洁净透亮的肌肤，也为接下来其他护肤程序开个好头。

{第二章}

Chapter 2

水嫩肌肤 保湿最强音

关键词:

[保湿]

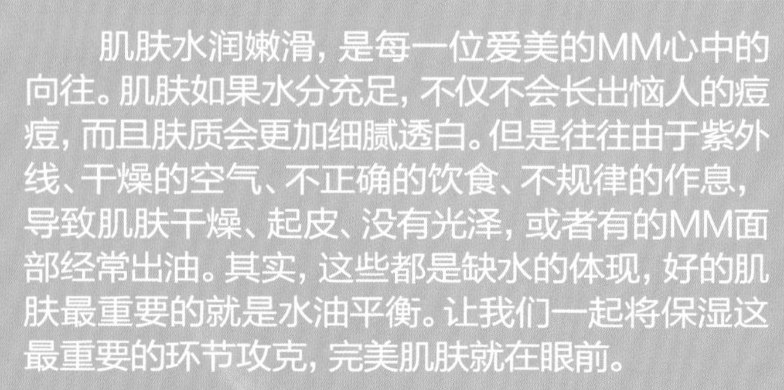

肌肤水润嫩滑，是每一位爱美的MM心中的向往。肌肤如果水分充足，不仅不会长出恼人的痘痘，而且肤质会更加细腻透白。但是往往由于紫外线、干燥的空气、不正确的饮食、不规律的作息，导致肌肤干燥、起皮、没有光泽，或者有的MM面部经常出油。其实，这些都是缺水的体现，好的肌肤最重要的就是水油平衡。让我们一起将保湿这最重要的环节攻克，完美肌肤就在眼前。

各种补水秘籍，各种急救办法，各种保湿靓汤，DIY保湿方案，只要有一颗爱美的心，坚持不懈，你也可以成为美肤皇后。把保湿当作护肤美容的重中之重，是非常重要的。

Be Educated! Study Time

分钟之

FIVE MINUTES LESSONS

保湿自测 大讲堂

如果你觉得自己的皮肤油油的不缺水，那就错了，好皮肤是水嫩的，油光不代表不缺水；如果你的皮肤干干的，那就更需要保湿这道工序。所以说，保湿对于每个人来说，都是非常重要的，但是，到底你的皮肤有多饥渴，那就要提前自测一下，了解自己的肌肤补水状况。

(一)什么样的肌肤需要保湿

许多MM都会忽略一个问题，就是保湿和补水。其实这是两个概念，补水，是为了给肌肤增加水分；而保湿，是为了让肌肤保持水分。但是，无论保湿还是补水，每日给肌肤添加水分，让肌肤一年四季都锁住水分，无论冬夏，都水润，还是需要大家不断努力的事情。首先要知道，自己的肌肤是怎么样的状态，什么样的肌肤要做那些护理。

1.不同肌肤应怎么补水

(1)油性肌肤：控油补水

油性肌肤的MM，最大的困扰就是每天面部油光可鉴，到了夏季完全不好上妆而且油腻腻的十分不清爽。很多MM都有这个误区，以为油性肌肤不用补水保湿，其实这是大错特错的。因为多油的问题归根结底还是皮肤缺水而导致的，所以油性肌肤除了必须要注意清洁之外，同时还需要做到补水保湿。

(2)干性肌肤，必须补水

最最需要补水保湿的肌肤，就是这种干性肌肤。通常洗过脸以后，就会觉得面部紧绷，用了再油腻的护肤产品，还是觉得面部干枯黯哑。其实，方向是错的，皮肤干燥，是因为缺水，大肆补油的话，会让肌肤压力更大，走向另一个不健康的状态。所以说，大家要大力补水，强力补水，补水过后，就要保湿，让面部持续维持在水润的状态，才能达到效果。如果长期让肌肤处于干燥的状态，会出现掉皮的现象，久而久之就会提早衰老。所以，必须加强补水保湿的力度。

(3)混合性肌肤，局部补水全面保湿

混合性肌肤有轻重之分，有一些混合性肌肤的MM大部分情况下皮肤呈现中性状态，特别容易忽视保湿。其实混合性肌肤的MM也是最最需要好好调理的。因为整体的皮肤状态就处于不一样的状况，所以，很难用一种护肤品解决所有的问题，这样就会出现，有的地方特别的油，比如“T”字区，有的地方特别的干，比如唇边、脸颊。这一类型的MM要有针对性的补水，然后全面保湿，才能使整体肌肤都处于水润的状态。

2.不同病症请对号

无论你是什么类型的皮肤，除非你有古典小说里形容美女的肌肤那样肤如凝脂。否则，都要做好日常的补水保湿。先为肌肤补水，然后才是保湿。肌肤缺水的状态，也和日常的生活习惯有关。看看自己的肌肤状态吧，是不是有危机感了呢？

（1）肌肤病症A类：干燥、黯淡无光

患病原因：面部清洁不及时，角质过厚，毛孔堵塞

目标：打造水润肌肤

如果皮肤总是干干的，又不加强保湿产品来滋润它，肌肤很快就会像花一样缺水凋谢！通常皮肤干燥的人，肤色会有些黯沉，而由于皮肤经常脱皮，也容易引起局部堆积黑色素！所以说，赶快变身吧，别让自己永远那么“干巴巴”的。

（2）肌肤病症B类：水油失衡，粉刺，痘痘

患病原因：情绪懒散、消极，新陈代谢循环不规律，荷尔蒙失调

目标：打造新生水润肌肤

是不是最近心情超级不好呢？皮肤就跟心情一样，变化没商量！照着镜子，这满脸的痘痘、粉刺，是不是把你愁坏了。其实这一切原因都因为你的荷尔蒙失调，新陈代谢循环不规律，导致肌肤缺水。调整自己的坏情绪，让自己焕发新生，加强补水，让肌肤从新开始水润。

（3）肌肤病症C类：细纹，黑眼圈

患病原因：以电视、电脑为消遣，作息不规律，缺水严重

目标：打造无龄水嫩美肌

每天工作足不出户，无休止的对着电脑、电视，你不知道皮肤正在悄悄地提出抗议。黑眼圈跟细纹就是它无声的抗议，如果你还不小心保养皮肤，加强补水，这些症状一定会越来越明显，由于肌肤劳累，缺水，辐射等的侵害，以及肌肤干枯没有营养的状态，你只能感受衰老与年龄带来的无法挽回的遗憾了。

一定不能忽略给肌肤补水，让肌肤时刻保持水润是个重要的工程。先补水，后保湿，不仅让肌肤水油平衡了，还能抑制粉刺痤疮，让肌肤保持年轻的状态。只要大家充分了解自己的肌肤，做好合理的肌肤护理，一定都会成为水嫩MM。

（二）水油平衡详解

宇宙万物，如果想和谐存在，必须要遵循的就是平衡。万物平衡，肌肤如果要想达到完美的状态，要做的，也是平衡。爱美的MM一定都听过水油平衡这个词，但是，什么是水油平衡，怎样才算平衡，又怎么才能让肌肤达到平衡呢？今天就给大家做一个完全解析。

1.你的肌肤平衡吗

我们的皮肤同大自然一样，需要维持平衡的状态，肌肤的平衡，就是水油平衡，就是一种不油不干的健康状态。有的MM不管三七二十一，总是在控油，却忘记了补水；有的一直在补水，忘记了，油也不是那么可恶。皮肤分泌的汗液与油脂混在一起才能形成皮脂膜，这层膜对皮肤有很好的保护作用，可以防止外界有害物质的侵害。但是，也要控制好油与肌肤水分之间的平衡。

（1）水少油多怎么办

水少或者油多了，就会造成肌肤偏油，十分容易吸附灰尘及各种污染物，堆积在毛孔里，影响皮肤的正常呼吸，而且还容易滋生有害细菌，如果长此以往，肌肤就会严重受损进而引发粉刺和痘痘。

解决方法：

○1使用控油产品。

○2用卸妆油清洁毛孔。

○3补水保湿。

○4使用深层补水产品，提高肌肤自身锁水能力。

（2）油少水少怎么办

如果肌肤处于油少水也少的状态，证明你的肌肤很干，很多人都觉得，干性肌肤多多补水就可以了，其实还应该适量的补一些偏油的产品，水油一起补充，效果才更好。否则肌肤没有油性也就会失去光泽。

解决方法：

○1使用温和的洁面产品。

○2用偏油性的护肤霜，多多滋润肌肤。

○3可以喝一些滋润性的营养靓汤。

○4加强补水锁水效果，时刻保湿。

（3）不同部位不平衡怎么办

大家通常所说的混合型肌肤，就是这种不同部位水油不平衡的肌肤，护理起来需要有很强的针对性，不同区域不同对待，只是护肤产品要买的种类多了些。

解决方法：

○1针对油较多的部位，如“T”字区，可以多去一些角质，多做一些清洁型的面膜。

○2干燥的肌肤部位可以有针对性的应急补水，多用一些滋润的面霜。

○3多多补水、锁水，争取让肌肤统一达到良好状态。

说起来，我们的肌肤就好像一个天平，一边是水，一边是油，油多了加水，水多了补油，一定要让天平平衡起来，肌肤才能逐渐达到完美的状态。所以，补水保湿是很重要的。

2.水油平衡秘籍

秘籍一:给保湿化妆水升个级

油性肌肤的MM使用化妆水也更应该要注重补水而不是只控油。告诉大家一个小秘方，让你化妆水的水油平衡功能完美升级：只要滴两滴桃金娘在150毫升左右的化妆水中，就能有效平衡各类皮肤水分和皮脂。

秘籍二:去角质频率减小

皮肤是很容易缺水的，稍有不慎，比如去角质的时候用力稍大、时间久了点、频率过高等等，就会导致皮肤敏感，还是应通过敷补水面膜或连续涂抹保湿精华素来深层补水，提高皮肤代谢速度。

秘籍三:巧选保湿品

选择保湿产品的时候，一定要看重产品的成分。最需要关注两类特殊的补水保湿类成分：一是“抓水高手”，如透明质酸、骨胶原、补水因子等等，它们能牢牢“抓住”空气中的水分来保湿皮肤;第二是“锁水高手”，如胶原质、弹力素、玻尿酸，它们具有很好的亲水性，能和肌肤里的自由水相溶并锁定，使水分不易被蒸发。

3.水油平衡扫雷

雷区一：补水=保湿

将补水与保湿混为一谈是非常错误的，补水并不等于保湿。补水是直接给肌肤的角质层细胞补充所需要的水分，在滋润肌肤的同时，改善微循环，增强肌肤的滋润度。保湿是防止肌肤水分的蒸发，也就是我们常说的锁住水分，但只保湿是不能很好的解决肌肤缺水问题的。

雷区二：身体补水不等于肌肤补水

肌肤缺水并不等于身体缺水，大量喝水解决不了肌肤的根本问题。因为喝下去的水只有很少很少的一部分补充到肌肤中去，想要解决肌肤缺水的问题，补水的面霜、精华液才是正确的选择。

雷区三：忽视缺水导致的肌肤老化问题

肌肤缺水会导致肌肤干燥、枯黄、黯沉无光泽等问题，直接容易衍变为肌肤松弛，皱纹早生等现象，加速肌肤老化，相信是每一个爱美的MM不想看到的。所以，必须重视肌肤缺水等问题，尤其是在季节变换的时候，一定要加强肌肤补水保湿，达到水油平衡最佳状态。

FIVE MINUTES LESSONS

Study Time

5分钟之 保湿技巧私塾

以上我们告诉大家应该怎样识别自己的肌肤状态，以及一些理论上的讲述。接下来，就要推荐给大家产品、方法以及很多秘籍，丰富大家的保湿技巧，让肌肤永远水润嫩滑。在补水过后，强效锁水，一年四季都有如水般的肌肤状态。保湿技巧私塾，让你从此拥有完美肌肤。

（一）不选最贵的，只选最对的

市面上补水保湿的产品非常的多，但是不一定都是适合大家肌肤的产品。所以要有针对性地选择适合自己的。无论是洁面，化妆水，面霜乳液还是精华液，只要是好的产品，无论贵贱，都是大家的明智之选。

1.维生素保湿最强效

多吃新鲜水果蔬菜，随时补充体内的水分和能量，由内而外的美丽才是最重要的。维生素对于一些生活忙碌或者较懒的MM是最有效的，不仅可以祛斑、美白、防晒、抗过敏，还能给肌肤补充所需要的水分、营养等等，内服+外用是最有效果的。

口碑推荐：雅诗兰黛鲜活营养精华露

推荐理由：这款精华露质地非常柔滑，富含丰富的水果精华维他命和矿物成分，能够帮助肌肤加快自我更新，还能给肌肤补充所需的营养成分，保持恒久的湿润状态，让肌肤重现健康自然的肤色。

2.要用就用一整套

许多MM在选择护肤品的时候都喜欢用这家的洗面奶，那家的面霜，每一个品牌只选择一个产品。相对而言，对于，面霜以及精华液，最好还是选择同一家的，因为这样才能达到最最一致的效果，很多产品的保湿功能是需要同品牌的产品相互协调支持的，一整套一起使用效果才会明显，也不容易出现不同产品之间相互排斥而引发的过敏问题。

口碑推荐：illume水肌液&水肌凝乳

推荐理由：伊奈美的产品一向以保湿著称，强效补水，强效锁水，肌肤能喝个饱似的，用后非常润滑。这一套用下来，肌肤一天都是水水的，也仿佛有了天然的屏障，秋季使用非常舒服。

3.敷面膜+喝水+充足的睡眠

很多MM都开始为护肤奋斗，大家都会买很多补水保湿的面膜，或者面霜，但是，就在外界拼命补水的时候，内在补水也很重要。每天多喝水，睡眠充足也是让肌肤变得水润嫩滑的好方法。

口碑推荐：FANCL锁水补湿精华面膜

推荐理由：这款面膜蕴含结构独特的补湿滋润复合精华以及锁水保湿精华，补湿滋润复合精华能为肌肤迅速提升水分，滋润成分在肌肤表面形成滋润薄膜，令水分不易流失，让肌肤水润饱满。

4.八杯水+保湿乳液

多喝水，不仅能够帮助身体机能的新陈代谢，还能间接令皮肤吸收天然水分，皮肤就会变得很有光泽和弹性。建议MM们每天至少要喝八杯以上的水，因为女人都是水做的。然后早晚使用非常补水保湿的保湿乳液，肌肤自然水水嫩嫩。

口碑推荐： 资生堂透白美肌亮润保湿乳液

推荐理由： 可以在睡眠时修护日间紫外线对肌肤造成的损害，补充水分同时还能靓化肌肤。不仅能阻止色斑扩散，还能促进细胞的新陈代谢。

5.保湿喷雾随时保湿

保湿除了内补，外抹之外，还可以随时保湿，保湿喷雾就是很好的选择。体积不大，所以可以随身携带，随时喷在面部，无论是办公室还是室外，一天下来，中午，下午都会有面部缺水的感觉，用喷雾及时缓解，对肌肤不仅有修复作用，还能起到保护作用，是非常好的选择。

口碑推荐： 雅漾舒护活泉水

推荐理由： 天然纯净的活泉水，富含微量元素和二氧化硅，且矿物含量均衡，并独具非凡的护肤功效。不仅可以显著地减轻肌肤由于受到各种刺激而产生的不适感，还具有非凡的舒缓、镇静、修复肌肤敏感症状、保湿等功效。

6.长效保湿很必要

很多MM仗恃年轻，肌肤的自我修复能力强，对于保湿非常随性，总是三天打鱼两天晒网。这样做其实对于皮肤来说损害很大，皮肤由于得不到充足的水分会出现缺水，随着时间、年龄等外界因素的刺激，会破坏掉肌肤天然的保湿系统，让肌肤主动保湿的能力降低。肌肤的锁水和吸收能力降低，再想恢复可就难上加上了。所以懒美人们，在保湿这件事上一定不可以偷懒，给肌肤长久持效的保湿很重要。

口碑推荐： YSL水嫩保湿乳

推荐理由： 保湿精华成分可以持续24小时的强力保湿功效，而其还能够修饰肤色，这款保湿乳的双重隔离系统和强力抗自由基成分非常适合办公室MM使用。

大家一定不要只顾着选择非常昂贵的产品，只要适合自己的，有效果的产品，都可以选择和使用。可以多尝试一些保湿产品，前提是看清成分，不要与自己的肌肤状态相悖。坚持下来，肌肤定会有明显的改善。

（二）每日补水与急救

补水是保湿的大前提，做好补水这节课，才能很好的继续保湿。补水这件事每天都要做，必须做，一天有24个小时，适合补水的时间大家要掌握好，了解自己的身体时钟，会让补水这个工程事半功倍。

时间一 > AM 07:00

每天睡眠充足是对皮肤最好的护理。晚上争取10点睡，最晚不超过11点；早上7点起床，准备开始一天的学习工作生活。在睡眠期间，肌肤没有吸收很多的水分，所以早上起来皮肤会有一点点干，有效的方法就是喝一杯清水，排除毒素，一天都会轻松。

补水秘籍：在这个时刻，喝水，洁面，然后用化妆水和补水的面霜，一天肌肤都水水的。

时间二 > AM 09:00

这个时候无论你是学习还是工作，估计都已经开始了一天的繁忙，别忘了再给自己倒一杯水，及时补充身体刚刚流失的水分，随时补水，随时滋润，如果觉得面部有一些干燥，比如上班路上被晒或者被风吹，皮肤不是很舒服，也可以用一下随身携带的补水面霜或者喷雾缓和一下肌肤的不适。关键还是，时刻要有补水的心情。

补水秘籍：喝水，根据皮肤的状态可以加用补水面霜，保湿喷雾。

时间三 > AM 12:00

已经中午了，肌肤和身体都已经渴了，皮肤开始干燥，这个时候也是午饭的时间，何不用午餐做一个内补水呢。外补水可以选择保湿喷雾。让面部清爽以后，再去吃个补水午餐，把营养、维生素，对皮肤好的所有食品代替不健康的工作午餐，对自己好一点，吃的精致而有效果，将补水进行到底。

补水秘籍：保湿喷雾；选食鱼类、蔬菜、水果、靓汤等。

时间四 > PM 01:00

中午午休的时间到了，但是很多MM还是要坚持学习和工作，肌肤此刻已经开始疲惫了，中午如果没有坚持住，吃了快餐或者烧烤，更是觉得肌肤干燥缺水，这个时候给自己沏一杯白茶或者绿茶，由内而外的滋润舒爽，不仅能够带出毒素，也会鼓励自己多喝水，然后用一下喷雾，相信整个下午都会充满干劲的。

补水秘籍：保湿喷雾+养颜热茶

时间五 > PM 07:00

这个时候一天的学习工作都结束了，选择去游泳池痛痛快快的游个泳，洗去一天的疲劳和烦躁，无疑是放松身心的最佳方法之一。游泳还可以消除疲劳，瘦身，更能让身体最大限度地亲近水的包围。这个时候最好再喝一些新鲜的果汁，补充运动后流失的水分，内外通透，美丽永久。

补水秘籍：游泳+鲜榨果汁

时间六 > PM 09:30

吃过晚餐后，不要忘了吃一些含维生素高的水果，美美的享受一个完全放松的沐浴，然后做一个深层保湿的面膜，给肌肤做个SPA，让全身彻底放松。别忘了睡前用一下保湿的爽肤水和补水的面霜以及保湿精华液，让肌肤带着充足的营养进入睡眠状态。

补水秘籍：沐浴、水果、保湿面膜、爽肤水、面霜、精华液等，然后就是饱饱地睡一觉。

一天24小时的补水就大功告成了，按照这种方法去做，肌肤一定能水嫩嫩的，坚持是最重要的，内外补水，全天保湿，美丽就会水汪汪了。但是肌肤如果出现干燥，怎样在短时间内让肌肤有急救措施，可以告别掉皮、皲裂等等问题呢，下面就来告诉大家一些急救的方法。

（三）急救妙招要牢记

急救绝招一：喷雾

这一招是对付应急干燥肌肤问题最最有效果的。肌肤起皮，干燥得十分不适，随身携带的保湿喷雾就会起到大作用，喷在脸上，轻轻拍打，让肌肤充分解渴，效果非常明显。

急救绝招二：保湿彩妆

现在很多的彩妆都有很好的保湿效果，肌肤如果出现严重缺水的情况，又是在很重要的场合，那么你平日在包包里一定要备有保湿效果很好的粉底，以及彩妆装备，及时应对各种肌肤问题，不给肌肤尴尬的机会。

急救绝招三：前一晚大作战

如果转天有重要的聚会大party，或者公司年会、老朋友聚餐……肌肤干燥无光可就会减分了。这个时候前一天晚上来个大作战，转天也会容光焕发。先轻轻去角质，把死皮去掉，然后做一个深层补水滋润的面膜，然后保湿精华强效出击，保湿水、保湿乳液集体上岗。这样一夜睡下来，转天皮肤一定如水嫩滑。

（四）四季补水，四季保湿

肌肤的状态会随着心情、空气、季节、环境等等外界因素而改变，每天的新陈代谢，每个季度的新陈代谢都在不断进行。想让自己的肌肤一年四季都水嫩细滑，每个季节都有不同的针对措施才是硬道理。

1. 春季补水大作战

春天是万物复苏的季节，植物长出绿芽，蜜蜂采集花粉，这个时节很适合出游，但是，不是每个人的肌肤都适应这样的天气，尤其是北方风狂土大，空气湿度低，十分干燥，肌肤容易起皮，缺水甚至是过敏。怎样才能让肌肤在春天也水润舒适呢？一起来个春季补水大作战吧。

作战第一回合：补水加保湿

很多MM在春天的时候十分注重肌肤的补水，但是肌肤一天下来很容易就干燥了。这是因为在补水过后没有做好锁水保湿的工序。在晚上做完面部清洁，拍打保湿水，然后用保湿精华及面霜后，白天还应该时刻为肌肤补水，保湿喷雾随时准备等等，让肌肤一天都不会干燥。

作战第二回合：自制冰膜，完胜春天

春天虽然给我们的肌肤带来很大的困扰，但是我们还是十分有信心战胜它的，用冰膜来做个完美的补水，舒缓又滋润，不仅能镇定肌肤，收缩毛孔、控油，甚至还能防止黑头。首先弄个干净的器皿放一粒纸膜，然后倒入适量的保湿爽肤水，等纸膜吸饱水后，就把器皿放进冰箱冷藏10分钟左右。然后将刚冻的冰纸膜展开贴在脸上美美地享受15分钟的清凉水润，肌肤喝饱了，面部也清爽了，15分钟以后拍打至吸收，效果会出奇的好。

作战第三回合：疯狂柠檬水

一个冬季，经过了春节大吃大喝的日子，春天来了，肌肤黯沉、无光，和体内有毒素也有很大的关系。这个时候，为了

对付干燥的春天和肌肤，我们应该多多喝水，补充水分的同时还能排出体内的毒素。柠檬水是非常好的选择，用打碎的新鲜柠檬沏水喝，不仅味道好，而且对肌肤也非常的好，还能排出体内的毒素，也有美白的功效，是春季补水的上佳选择。

2. 夏季补水大作战

夏天是对肌肤损害最严重的一个季节，室外骄阳似火，紫外线让肌肤变得脆弱不堪，烈日会蒸发掉肌肤很多的水分，然而室内的空调也是肌肤的又一大杀手。不仅会使肌肤处于干燥缺水的状态，而且还会让肌肤失去弹性，老化、细纹等等的问题就开始出现了。所以，夏季补水，是一场恶仗。

补水VS空调

空调房是除了飞机舱以外最干燥、最容易流失水分的地方。夏天无论在家里还是上班，都要一天在空调屋内，肌肤总是紧绷绷的，甚至还会脱皮。如果不注意的话，就会形成皱纹以及严重的干裂。

作战第一回合：补水喷雾随时喷

准备一瓶专用补水喷雾，在空调房内可以2小时左右喷面一次，如果觉得还是干燥的话可以再擦上凝露类滋养品。千万不能没事就跑去洗脸，这样会大大损伤皮肤表面的油脂保护层。

作战第二回合：蜂蜜面膜

蜂蜜具有非常好的保湿作用，而且可以有效地滋润肌肤，缓解肌肤带来的不适，每天下班回家沐浴以后，都给自己做一个清爽的蜂蜜面膜，补充一天流失的水分，让肌肤重新焕发光彩。

补水VS太阳

炎炎夏日，太阳光毒辣的打在脸上，非常容易引起晒伤，而且肌肤红红的、干干的，十分难受和难看，要和太阳做斗争，可要下一番苦功夫。

作战第一回合：保湿防晒

夏天的太阳这么毒，肌肤怎能与之亲密接触，一定要做好保湿防晒的工作。在选择防晒霜的时候，一定要选择保湿效果好的，涂在脸上干干的，还推不开的那种就千万不要破费了，水样的防晒保湿品才是正确的选择。

作战第二回合：忌口

作战就是一件艰苦的事情，对于夏天的肌肤一定要格外的小心，要爱护自己，爱护自己的身体和肌肤。最好少接触烟酒之类刺激性很强的食物，多吃含维生素多的水果以及蔬菜，让肌肤由内而外的吸收营养。只有这样才能增加肌肤的营养和抵抗力，对抗夏日骄阳，让肌肤保持完美水润状态。

3. 秋季补水大作战

经过一个夏天环境对肌肤的侵害，虽然秋高气爽，但是，由于风大干燥等原因，肌肤会在这时分外的疲惫。干燥、起皮、细纹，黯哑等等肌肤问题随之而来。如果说，夏季护肤最关键的是保湿加防晒，那么秋季就一定只有一个目标，那就是补水，让脆弱的肌肤恢复活力与润泽。

作战第一回合：疯狂补水

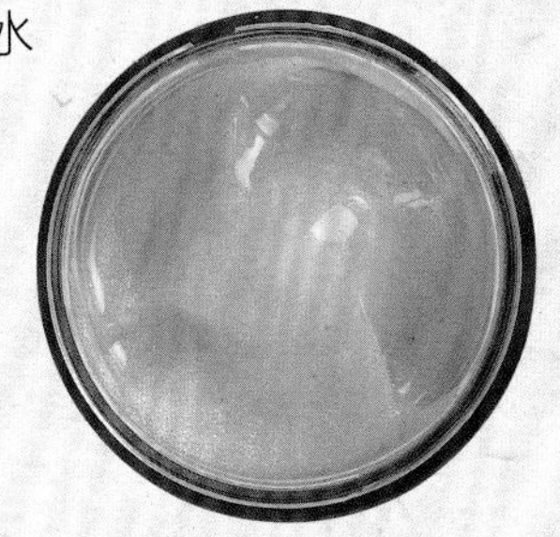

干性肌肤作战秘籍：保湿面霜全天补水

干性皮肤缺水现象最为明显，皮肤干燥无光泽，缺乏娇嫩感。肌肤容易在干燥的秋季形成细小细纹。补水的重点就是面霜，使用略偏油质的保湿产品也许会有很好的锁水效果。

敏感性肌肤作战秘籍：天然面膜夜间补水

敏感的肌肤皮肤表层的角质层较薄，一旦受到刺激容易发生红肿、脱水等症状。夜间补水对于敏感性皮肤来说非常重要而且有效，最好使用适合敏感皮肤使用的护肤品，如天然蔬果面膜。由于白天在外受环境的影响较大，敏感皮肤晚间的保养就一定不能偷懒了。

油性肌肤作战秘籍：去角质+爽肤水

油性肌肤毛孔粗大明显缺陷，严重的MM，皮肤纹理粗糙，出油多，非常容易长粉刺。但是出油过多不等于不缺水，油分过多反而说明缺水更严重。应该定期去角质，然后选择分子体积小、活性强、补水效果好的保湿爽肤水。建议油性肌肤选用清爽的水质保湿产品，如保湿凝露、喷雾、润肤露等。

作战第二回合：保湿精华

秋天的肌肤缺水到一定程度，这个时候常规的补水已经不能满足肌肤饥渴的需求，保湿精华是密集补水的好工具。由于保湿精华的分子体积比乳液还要小，所以能够渗透到角质层下，滋润干燥的细胞，让肌肤恢复水润光泽。

作战第三回合：保湿面膜

对于秋季补水来说，面膜是不可或缺的重要武器。虽然其他季节也会做面膜，但是秋季应该加大补水保湿的密度。在晚间为自己的肌肤充满电，做一个富含丰富保湿精华的面膜，频率稍微提高，一整个秋季才会水嫩动人。

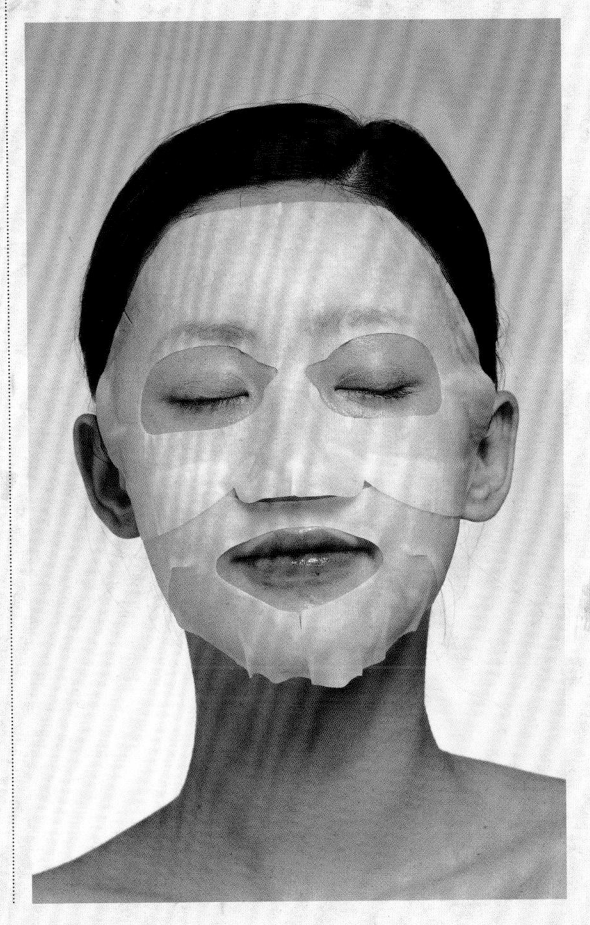

4. 冬季补水大作战

冬季，让人想到最多的就是温暖，只有在最寒冷的时候才会想到温暖的可贵。肌肤在冬季也需要温暖的水润。而这温暖应该由内而外的散发，让身体从里到外的滋润，这个冬天的肌肤才会更强韧，更有活力的来抵御寒冷的冬季。

作战第一回合：清晨鲜榨果汁

清晨醒来，给自己制作一杯新鲜的果汁，或者果蔬配餐，一天都会活力十足，这既补水又有营养的早餐，不仅是身体精力充沛一整天的源泉，还会让肌肤得到一天所需的营养。

作战第二回合：靓颜茶

冬季天寒地冻，室内室外温差大，暖气空调让空气变得分外干燥，这个时候，为自己沏上一杯靓颜茶，暖暖的滋润，让肌肤也喝足水，不会因为暖气而使皮肤变得干燥不堪，多喝靓颜茶，一定可以在冬季也能感受滋润。

作战第三回合：滋补午餐

冬天的中午，吃一碗热热的汤面，有蔬菜的骨汤，听着就是这么的滋补，暖暖的吃在胃里，一定很舒服，冬日的营养午餐，让你在寒冷的季节也充满了活力和体力，这样肌肤也能得到充足的营养，饱满充盈。

作战第四回合：冬夜水润汤

结束了一天的学习工作，为自己做一道水润的靓汤，放上西兰花、番茄、蘑菇、豆腐之类的蔬菜，在寒冷的冬夜喝下去，不仅能控制食欲，还能滋养肌肤，美味又有营养，多么惬意又舒心。蔬菜、豆类都是对女性非常好的食品，维生素很多，不仅能滋润全身的肌肤，还能有美白的功效。

作战第五回合：睡前的温暖

晚间是补水滋润的好时间，也是补钙美白的好时机。睡前半个小时，可以喝一杯高钙低脂的热牛奶，对睡眠、肌肤和身体都非常有益。不仅可以让肌肤得到充足的睡眠滋养，还可以很好的美白。MM们要记住：对身体好，才能对肌肤好。

四季补水，四季保湿，一年四季肌肤都是水润嫩滑的，都是美美的。针对不同的时节，大家要有不同的对策，但是目标只有一个：要拥有完美的肌肤，让自己做个水美人。

Study Time

FIVE MINUTES LESSONS

保湿美食
私房菜

补水，保湿，由内而外的调理也是非常有必要的。身体滋润了，就会传达给肌肤。在这里，我们将告诉大家如何才能吃出水润的肌肤。用美食保养自己的肌肤，散发由内而外的水嫩气息。无论任何时候，都保持最完美的肌肤状态。轻轻松松，改善饮食，为自己的肌肤做道完美的私房菜，让保湿，吃出来。

（一）吃出来的水润嫩滑

日常吃的很多食物都有很好的补水保湿效果，只要大家选择正确，就可以吃出水润嫩滑的肌肤。MM们本身每天都要吃进食物来补充身体所需的营养和水分，如果精心挑选一下，相信一定能让肌肤更加完美。

1. 水果篇

多吃水果，不仅能补充多种维生素，还能滋润肌肤。水果的种类很多，但是一定要有选择地吃，哪些水果能给肌肤补水呢？

（1）樱桃

樱桃的可爱形象已经被艺术家们运用到世界顶级的包包上面去了，可见它在人们心中的完美形象。大家有所不知，可爱的樱桃，鲜红的果实中有80%是汁液，樱桃所含的维生素C是柠檬的34倍，能迅速渗透至肌肤深处补充水分，还可以使肌肤表面滋润不油不腻，仿佛被一层看不见的薄膜保护着，维持美白与滋润功效。

（2）石榴

红石榴中富含矿物质，还具有两大抗氧化成份——红石榴多酚和花青素，此外还含有亚麻油酸，维生素C、B_6、E和叶酸。许多知名的护肤品都会提到红石榴的成分，可见其美肤功效的厉害。红石榴中含有的钙、镁、锌等矿物质萃取精华，能迅速补充肌肤所失水分，让肌肤明亮柔润。

（3）苹果

苹果含有丰富的有机酸，甜味中又带有一点点的酸味，这些有机酸可促进皮肤的新陈代谢，活化皮肤的细胞，不仅如此，苹果还能改善肌肤的肤质，达到柔润肌肤和净化斑点的效用。多吃苹果肌肤也会变得水润。

（4）柑橘、葡萄柚

酸类的水果都是美白和去角质的美肤水果，柑橘含苹果酸等有机酸，又富含最天然的维生素C，所以有意想不到的美白和滋润效果，当然还能收敛变大的毛孔。多吃葡萄柚，不仅对肌肤有所帮助，还能有不错的瘦身效果呢。

（5）梨

梨口感香甜多汁，不仅可以生津、去热，含有丰富维生素和多种营养成分，更是滋润肌肤的佳品。把果泥混合一点柠檬汁口感更好，还可以给肌肤去除多余的油脂，同时还能补充肌肤所需的水分。

2. 蔬菜篇

每天，我们都应该吃很多的蔬菜和水果，这样才能吃出健康的身体和健康的肌肤。身体水水的，肌肤水水的，健康的饮食会带给肌肤强大的福音，想要保湿，多吃蔬菜和水果是很重要的。

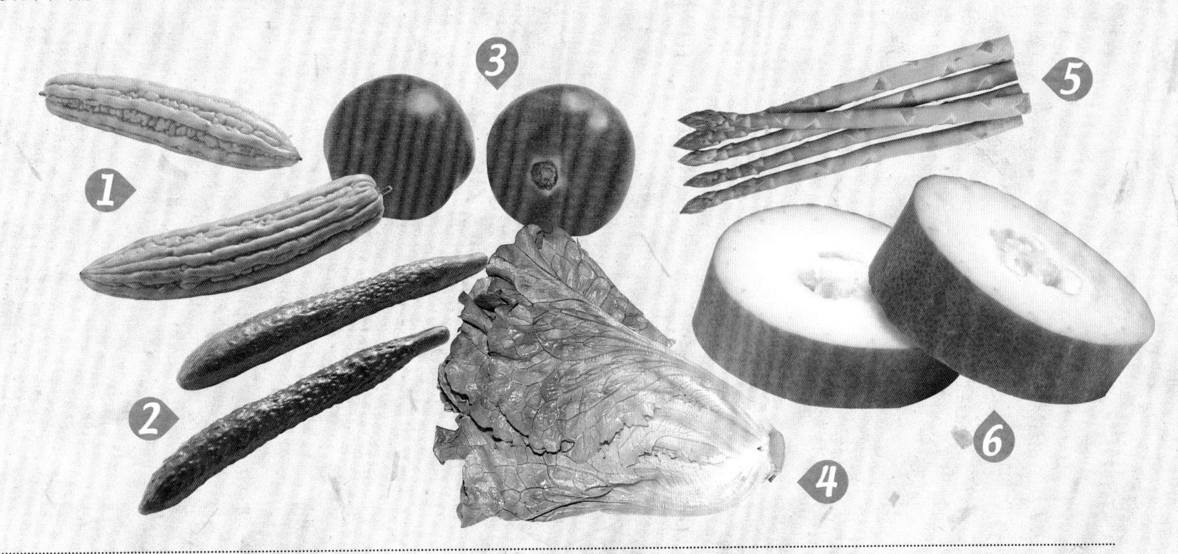

(1)苦瓜

大家都知道苦瓜有很好的减肥效果，其实它对于美肤也是非常好的食品。苦瓜可以助人排出体内的毒素，让肌肤去除多余的油脂，让肌肤水油平衡，还能促进肌肤的新生，对于夏季保湿来说，是非常好的食品。

(2)黄瓜

很多护肤品也都会用到黄瓜的成分，契尔氏著名的小黄瓜水就是最好的证明。黄瓜紧致肌肤的同时，还能更好的锁住肌肤的水分。一边吃一边放两片在脸上，是很多电视剧中经常见到的场面，这么经济又实惠的美肤圣品，大家可不要忘记哦。

(3)番茄

现在日本这个时尚潮流发源地，最最流行的食品就要属番茄了，减肥、美容等等对爱美的女孩子来说的项目都少不了这红红的家伙。番茄含有多种维生素以及蛋白质，可以补充肌肤所需要的多种营养，想让肌肤变得水水的白白的，多吃番茄吧，美味又美丽。

(4)生菜

生菜除了有多种维生素，还有很多矿物质，多吃生菜，搭配水果，不仅可以减肥塑身、排毒等等，肌肤也是最好的受益者。蔬菜吸收水分生长，皮肤自然可以获取这天然的营养液，所以，多吃蔬菜是非常有益于肌肤的。

(5)芦笋

芦笋味道鲜美，柔软的膳食纤维对身体非常的有益。古今中外，芦笋都是上佳的菜品，不仅仅是因为它好吃，更是因为对女性身体，肌肤，以及肠道都有很好的排毒滋润等效果。青青的鲜笋，绿色、营养，一定要经常吃。

(6)冬瓜

冬瓜一直以来都是女性食品名单里最不可或缺的食物，利尿解毒的功效十分显著。夏天食用既可以解暑，也能使肌肤水嫩细滑。体内毒素没了，肌肤气色自然会好许多。而且，冬瓜的吃法很多，无论怎么烹饪出来，都是美味一道。

（二）御用保湿营养汤

对于保湿肌肤，滋润身体来说，美味的营养汤是非常好的滋补方法。南方人喜欢喝汤，许多爱美的MM们也都会去当地取经了解怎么样才能煲出对肌肤和身体最有滋润效果的美味营养汤，下面，我们也为大家奉送上几道最赞的保湿靓汤食谱。

1. 香菇菱角汤

{材料}：

香菇6朵，菱角（去皮后）100克，高汤、香菜、盐、鸡粉各适量。

{制作}：

○1将香菇泡软；香菜洗净切成末；菱角清洗干净。

○2将菱角、香菇放入锅中，加入高汤，大火煮开后转小火煮10分钟。

○3加入盐、鸡粉再煮两分钟之后关火，撒上香菜即可。

美肌Tips:

对于想要肌肤水润的MM来说，没有什么比保湿的美容汤更有效果了，香菇这种菌类对身体和肌肤都很好。菱角也是传统的美容食品，这款暖暖的热汤喝下去，一定会为肌肤增色不少。

2. 奶油南瓜汤

{材料}：

鲜奶油100克，南瓜1个，西芹200克，盐、鸡粉、胡椒粉各适量。

{制作}：

○1南瓜去皮去籽之后切成小块；西芹留少许切末，剩余的榨成汁。

○2将南瓜蒸熟以后，捣成泥状，再将南瓜泥放入锅中，放入西芹汁、高汤和鲜奶油。

○3煮开以后关火，撒上西芹末即可。

美肌Tips:

南瓜切成小块以后会比较容易蒸熟。南瓜一直以来都是美容减肥的好食品，奶油又有滋润美白的作用。这款汤味道香浓，甜中有鲜，相信喜欢美味的MM是不会错过的。

3. 果肉莲子汤

{材料}：

莲子、荔枝、菠萝、黄桃各50克，冰糖、淀粉各适量。

{制作}：

○1将莲子去皮去芯，洗净；荔枝去皮去核，菠萝去皮去果眼，黄桃去皮去核，各自洗净，切成小块，待用。

○2将莲子放入碗内，放适量清水，入蒸笼蒸熟后取出。

○3锅内放足量清水，放入黄桃、菠萝、荔枝和莲子，置于火上，用大火煮沸。

○4放入冰糖，不断搅拌，待冰糖溶化后，取淀粉对适量清水勾芡倒入汤内，即可。

美肌Tips:

莲子和水果都是对女性非常好的滋补品。这款香甜的味道一定会让贪吃的MM爱不释手。美容滋补的功效也是十分显著，肌肤干燥无光的时候，一定要多喝此汤。

4. 鲜蔬玉米汤

{材料}：

玉米200克，鲜蘑菇、土豆、青椒、胡萝卜各60克，高汤、盐、味精、香油各适量。

{制作}：

○1将玉米洗净后切成小段；土豆、胡萝卜各自去皮，洗净后切小块。

○2青椒洗净去籽后切成块；鲜蘑菇去蒂，洗净后切块。

○3将玉米段放入蒸锅中蒸熟后，连同蒸汁一起放入炖锅中，注入足量高汤，放入土豆、青椒、胡萝卜和鲜蘑菇，用大火沸煮40分钟。

○4加盐、味精调味，淋入香油，即可食用。

美肌Tips:

肌肤保湿除了滋润，水油平衡很重要。此汤可以去掉身体内多余的油和火，非常适合内火重、皮肤过油的MM选食。

5. 排骨银杏汤

{材料}：

猪排骨600克，蜜枣4粒，银杏10粒，花生仁10粒，红薯1小个，盐、料酒各适量。

{制作}：

○1将猪排骨洗净后剁成小块，放入碗内，加料酒、盐腌渍15分钟后在冷水中加热汆水，待用。

○2将红薯洗净后去皮，切成条状；银杏、花生仁用清水浸泡1个小时，洗净。

○3将猪排骨、银杏、花生仁、蜜枣、红薯一同入锅，注入足量清水，大火煮沸后，撇去浮沫，改用小火温煮2个小时，直至猪排骨熟烂。

○4放入盐调味，即可。

美肌Tips:

这款汤对身体非常有益，营养丰富，生津润燥。银杏也是美白护肤的佳品，许多大牌护肤品都会强调含有银杏精华，多多饮用这款汤，一定对肌肤有很好的保湿美白效果。

6. 银耳雪蛤肉片汤

{材料}：

干银耳20克、雪蛤膏10克、瘦猪肉100克、干枣6粒、盐适量。

{制作}：

○1银耳泡发好，去根蒂后洗净，撕成小朵；干枣洗净，泡软去核后备用；瘦猪肉洗净，切成片。

○2锅内放入适量的清水煮沸，放入银耳和红枣，用大火烧沸后改小火炖煮1小时。

○3加入猪肉片和雪蛤膏，开大火，待锅再次煮沸后转小火炖煮40分钟。

○4加适量盐调味即可。

美肌Tips:

这款营养美味的银耳雪蛤肉片汤，不仅可以滋血补气、养胃生津，还可以健体养颜、补阴润肺，常食用一定能让你的肌肤和身体通通得到最最丰厚的滋养。

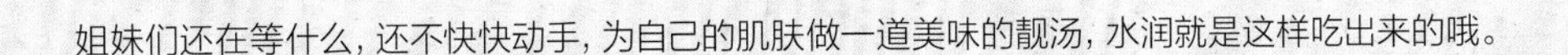

姐妹们还在等什么，还不快快动手，为自己的肌肤做一道美味的靓汤，水润就是这样吃出来的哦。

FIVE MINUTES LESSONS

Study Time

5分钟之保湿DIY学院

刚刚自己动手做过了美食，现在到了动手制作保湿品的时间了，根据自己肌肤的缺水情况，随时做一个DIY的保湿面膜，在睡觉前、休息中都可以使用，有趣又有效；或者为自己做一款保湿面霜，从来都是去专柜买面霜，这次有了自己动手制作的面霜，相信一定会激励大家将爱护肌肤这件事做到底。

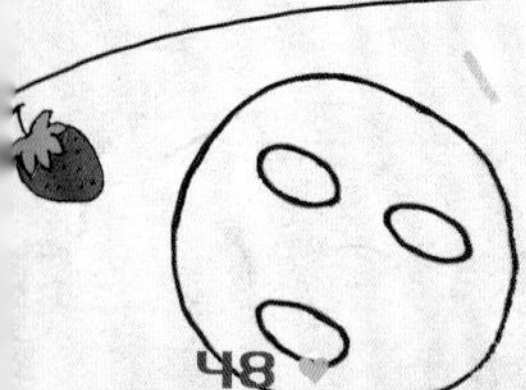

(一)最全天然果蔬保湿面膜秘笈

保湿面膜市面上五花八门的种类，或多或少都会添加一些化学成分，完全没有自己动手制作的天然，更没有自己动手制作有乐趣。自己还能针对自己的肌肤随时调控，又物美价廉。现在就把最赞的保湿面膜秘笈，告诉大家。

1. 草莓保湿面膜

甜甜的草莓是最适合夏季的水果，在享受美味的时候为什么不给自己做一个又保湿还有美白效果的夏季清爽草莓面膜呢。只需要把草莓榨成汁，然后放上适量的蛋清，就可以了，轻轻地涂在脸上，让面膜好好地滋润饥渴的肌肤，草莓甜甜的香味一定会让你有一个美好的心情。

2. 番茄蜂蜜保湿面膜

只用我们日常生活中经常吃的这些瓜果蔬菜，就能让我们的肌肤保湿又滋润，只要你利用得好，就一定没问题。将半个番茄打成番茄汁后，用适量的蜂蜜搅拌均匀，然后涂抹在脸上，不仅可以有保湿滋润的效果，还能紧致肌肤，让肌肤充满活力。

3. 香蕉橄榄保湿面膜

橄榄油是现在非常热门的保养食品，不仅可以食用，更能为肌肤的滋润起非常大的作用。和天然的水果香蕉混合就会出现意想不到的美肤效果。先将香蕉压成泥状，在压挤的过程中兑入适量的橄榄油，搅拌均匀。这时香蕉橄榄面膜就搞定了，长期使用，肌肤可以变得光滑细嫩，使皮肤水油平衡，还有保湿滋润的效果，用后的肌肤会让你大吃一惊。

4. 苹果保湿面膜

苹果是一年四季都可以吃到的水果，用苹果制成面膜又简单又嫩肤哦！我们先将苹果去皮切块捣成泥状，然后加入蛋清、蜂蜜、橄榄油搅拌均匀，洁面后在脸上敷约10~15分钟，肌肤就会变得细滑又滋润。这款面膜还有紧致抗老化等功效，是多功能的美味面膜，最关键的是补水效果非常好，因为可以达到深层清洁的作用，大家记得经常尝试一下哟！

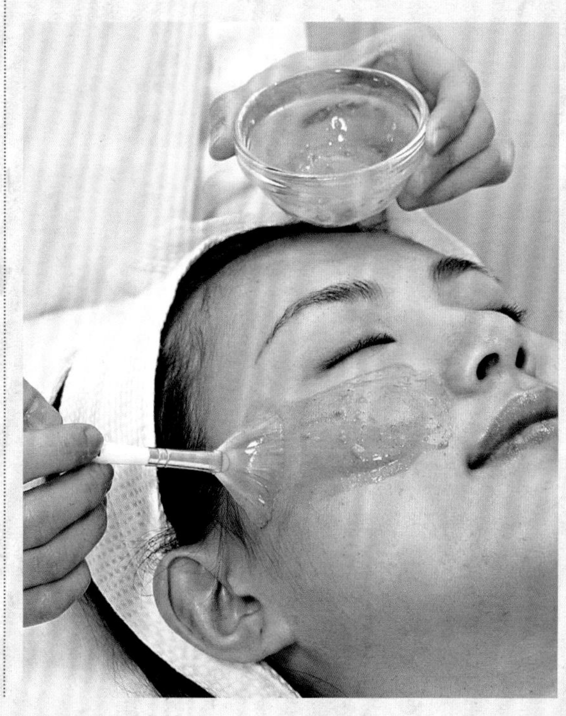

5. 天然芦荟保湿面膜

芦荟一直都是具有明星效果的保湿天然植物，很多保湿产品里都少不了它的身影。不妨在自己家种上一株芦荟，那么美容护肤就会变得天然省力得多。不用去外面买高价的芦荟面膜，自己在家就可以自给自足，自娱自乐。将芦荟的内心切片后涂抹在脸上，15分钟后冲洗干净，不仅能够及时补充肌肤缺失的水分，更能有长效保湿的效果。

6. 牛奶补水面膜

牛奶是面膜中不能或缺的好材料，将适量的鲜牛奶和蛋黄混合调匀，然后均匀地涂抹在脸上，15分钟后洗净，你的面庞就会有惊人的变化，摸上去嫩滑了，看上去白皙了。这就是牛奶与蛋清混合后的功效。牛奶不仅有保湿补水的功效，更能让肌肤变得红润饱满，加上蛋黄的调和，肌肤有了天然的保护层。这款面膜适合任何肤质，并且可以经常使用也不会对肌肤产生过多的刺激，是非常经济适用的保湿面膜。

7. 苦瓜补水保湿面膜

在之前的保湿食品中，我们就提过苦瓜的保湿补水效果，很多MM都知道苦瓜具有很好的减肥效果，但是大家可能不知道，苦瓜的补水保湿效果更是出众。将苦瓜清洗干净，放入冰箱中冷冻，然后拿出来切成薄片全部敷在脸上，在镇定肌肤的同时也能滋润肌肤让肌肤白皙诱人。这款面膜非常适合在炎热的夏季使用，会让肌肤有清爽透凉又保湿的美妙感觉。

8. 鳄梨保湿面膜

鳄梨含有非常多的维生素以及多种矿物质，在滋养肌肤的同时还能起到抗老化的作用。操作起来也非常的简单。将鳄梨捣碎，并加入适量的橄榄油，均匀涂抹在脸上，就能在冬季为肌肤强效补充水分。这款鳄梨面膜能够在寒冷干燥的冬季，防止肌肤干裂过敏，让肌肤水分充足，营养丰厚。高效的补水保湿效果是干性肌肤MM的福音。

介绍了这么多的面膜，接下来就靠大家的动手能力和想象力了，适当的加一些自己喜欢的精油也是非常不错的DIY套路，让肌肤时刻保持最佳的水润状态，赶快动手，再也不用为挑选那款面膜而煞费苦心。自己的地盘，自己做主吧。

（二）效果惊人的自制保湿霜

保湿面霜一年四季都会用到，但是大家无论从专柜买的高级产品还是价格低廉的国货，都不会比自己制作的面霜更天然安全吧。不仅在制作过程中有很多的趣味，还可以自己搭配出适合自己的最佳保湿面霜。想想如果哪天朋友们问起你用什么面霜，说是自己做的，将是多么拉风的一件事。

1. 全效安全的面霜配方

秘籍1：荷荷芭油保湿霜

{材料}：

荷荷芭油5毫升、乳化剂1毫升、甘油5毫升、化妆品级抗菌剂0.2~1毫升

{制作方法}：

将荷荷芭油、甘油、乳化剂放入一个干净的空瓶子搅拌均匀，最后加入抗菌剂摇匀即可。

美肌Tips:

这款保湿霜补水保湿效果很好，能让肌肤柔滑细腻。早晚在面部和颈部均匀涂抹，再搭配适当的按摩，效果非常好。尤其是中性、混合性肌肤的MM可以通过这款面霜调节水油平衡，滋补的同时增强了肌肤的抵抗能力。

秘籍2：小麦胚芽面霜

{材料}：

小麦胚芽油10毫升、乳化剂1毫升、甘油5毫升、纯水85毫升、油溶性维他命E2毫升、化妆品级抗菌剂0.2~1毫升

{制作方法}：

将小麦胚芽油、甘油、水、乳化剂、维他命E放入一个干净的空瓶子并搅拌均匀，最后再加入抗菌剂摇晃均匀即可。

美肌Tips:

这款面霜不仅能够保湿滋润肌肤，还能起到抗老化防止肌肤产生皱纹的作用。一般自制面霜都不要量太多，尽快使用，面霜平时最好放在冰箱里存放。

秘籍3：杏仁保湿面霜

{材料}：

甜杏仁油10毫升、乳化剂1毫升、甘油5毫升、纯水85毫升、抗菌剂0.2~1毫升

{制作方法}：

将甜杏仁油、甘油、水以及乳化剂放入干净的空瓶子中搅拌均匀，然后放入抗菌剂再摇匀即可。

美肌Tips:

这款甜杏仁保湿面霜适合各种肌肤的MM使用。放在冰箱中的面霜还有一定镇定肌肤的效果。杏仁保湿补水的效果很好，肌肤得到长久的滋润渐渐就会变得细滑柔嫩。早晚都可以使用，不油腻的同时又会让肌肤有喝饱水的感觉。所有面霜都要在拍打完化妆水后使用，效果才会更好，肌肤会更好的吸收面霜的营养。

秘籍4: 酪梨保湿霜

{材料}:

酪梨油25毫升、乳化剂1毫升、甘油10毫升、纯水65毫升、化妆品级抗菌剂0.2-1毫升

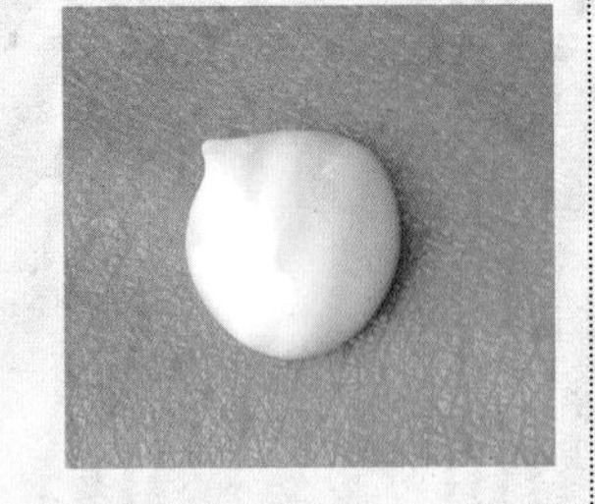

{制作方法}:

将酪梨油，甘油、水以及乳化剂放入一个干净的空瓶子里，然后搅拌均匀，最后添加抗菌剂再摇匀即可。

美肌Tips:

酪梨具有非常好的保湿效果，滋润肌肤的同时让肌肤减少了细纹，更加的细腻。非常适合干性肌肤使用，可以防止肌肤出现老化的细纹。对于秋冬季节干燥的肌肤，有了这款面霜就再也不用担心肌肤会干到起皮，经常使用肌肤便会得到明显的改善。

2. 强力推荐的至尊级别自制面霜

此款面霜，功能强大，效果惊人，制作较比前面几款也相对复杂，所以被称为至尊级别的面霜，如果你掌握了这款面霜的制作方法，恭喜你荣升美容达人之列。

蚕丝蛋白保湿霜

{材料}:

100%蚕丝蛋白粉0.5克 、天然精质芝麻油 10毫升、蒸馏水 90毫升、万用复方抗菌剂 0.5毫升、冷作型乳霜乳化剂1克、75%医用酒精（用于器具消毒）、100毫升烧杯1只（可用玻璃杯代替）、5毫升量杯1只、刻度吸管（可用干净的筷子或汤匙代替）、干净的瓶子一个

{制作方法}:

1.先将所有器具用75%医用酒精冲洗消毒。

2.将蒸馏水90毫升倒入烧杯中，加入100%蚕丝蛋白粉0.5克，搅拌均匀。

3.将天然精质芝麻油10毫升、冷作型乳霜乳化剂1克在另一烧杯中，搅拌均匀。

4.将②步骤的蚕丝蛋白溶液缓缓倒入③步骤的烧杯中，边加边搅拌，约30秒钟即可形成霜体。

5.最后用刻度吸管滴入万用复方抗菌剂0.5毫升，搅拌均匀即可装瓶。

6.MM们可以在最后根据肌肤状态和自己的喜好加入植物精油来增加香味及芳疗功效。

美肌Tips:

有了这款至尊级别的保湿面霜，再也不怕肌肤干燥缺水了。不仅能够滋润肌肤，还能增强自身的防御功能，防止老化，美白等等功效。无论你是多大的年龄，什么样的肌肤，只要想保湿，自己动手制作这款面霜，一定会成为你的经典保湿武器，只要你有一颗追求完美肤质的心，就一定能达成美丽的愿望。

{第三章}

Chapter 3

羊脂白玉，镁光灯，让我们一起白到极致

关键词：

[美白]

俗话说，一白遮百丑。相信天下的每个女孩子心底都希望自己可以像白雪公主一样娇嫩细白。但是，环境的污染，太阳的照射，不规律的生活，以及不健康的饮食都像一支黑色油笔一样涂抹着我们的面庞，于是我们发现，我们越来越黑。但是，无论外界多么的恶劣，或者天生并不丽质，只要我们无时无刻都有一颗想美白的心。希望自己的肌肤修炼成真正的羊脂白玉般剔透，加上持之以恒的决心，就一定可以实现。

Be Educated! Study Time

分钟之

FIVE MINUTES LESSONS

美白自测大讲堂

也许你从来不知道自己有多么黑，也许你从来不知道自己有多么白，但是无论怎样，我们都要告诉你，你还需要更白一些。美白的前提，是要知道自己的肌肤是什么肤色，有针对性的美白非常关键。对自己的肌肤检查审视一下吧，镜子里的你，白到什么程度，又黑到哪种等级了呢。

（一）我为什么是个“黑脸娃娃”

我们总是会说，为什么某某皮肤这么白，为什么我的肌肤就这么黑，肌肤黑有很多原因，可能是天生就黑，也有可能是因为保养防御不及时，因为受到外界破坏导致肌肤慢慢变黑，无论你属于哪一种都应该先搞清楚，是什么让我们成为了“黑脸娃娃”。

1. 天生黑脸娃娃

这一类型的MM是由于天生的肤色较黑，造成的一些困扰。为什么自己的肌肤生下来就会黑呢？首先，中国人的黑色素中，含有很多天然的维他命A，这些维他命A是以胡萝卜素形式存在的，导致肌肤呈现轻微的黄色，严重的就会变成黑色。而我们肌肤黑色素量的多少，取决于黑色素细胞中的酪氨酸酶活性的强弱，酪氨酸酶活性越强，黑色素就会越多，而影响这些最重要的就是遗传因素。所以这是我们无法改变的。

随着年龄的增长，紫外线对我们皮肤的侵蚀，于是形成黑色素，紫外线会破坏肌肤中的晶体角质，使色素母细胞分泌麦拉宁色素，继而浮到表皮，肌肤的颜色就会变黑。

我们的人体中还存在一种物质叫脱氨胆固醇，它可以在紫外线的照射下合成维他命D。研究发现，肌肤中的色素越多，合成维他命D的能力也就越差。人类中，黄色、棕色、黑色人种的皮肤中含色素较多，所以合成维他命D的能力就比白种人稍差。

所以说，肤色中的黑色问题，有的时候是因为环境，遗传，血统各个原因。这些很多都是与生俱来不能改变的。如果你天生就是个黑脸娃娃，那么你可让自己的肤色黑的更加的健康，如果你想变白，就要花不少的功夫，毕竟改变先天的条件是非常难的一件事情，但是只要有坚持，是没有什么做不到的。天王巨星杰克逊就是从黑人变白人的典范，但是我们不能学他，我们要慢慢的健康的变白。

天生的黑色肌肤的MM也要看好，自己是真的黑，还是因为过于发黄而导致的。如果并不是天生如此黝黑，那么很有可能是后天慢慢变黑的结果。

2. 后天黑脸娃娃

导致我们肌肤变黑的因素有很多，有外界给我们的压力，也有自身不规律的生活和心态导致的肌肤变差。无论怎么样，我们都应该根据自己的状况，找出自己肌肤的症结。通过改善自己的生活状态，延缓衰老，抵抗黑色素。

（1）精神原因

如果我们的心情或者情绪的状态是高兴、快乐、欣喜、振奋、宽慰、平静、轻松欢愉等等，我们的面色就会红润，并且容光焕发。换言之，如果我们出现悲痛、愤怒、惊慌、恐惧、紧张、懊恼等等这些不良情绪，就会使脸色灰暗，皮肤粗糙无光，松弛而无弹性，久而久之就会觉得自己的肌肤在慢慢变黑。

（2）睡眠原因

我们的肌肤与睡眠关系密切，这就是为什么一直会有“美容觉”这一说法。充足的睡眠于生理和心理都有好处，睡眠好的话，肌肤也会得到正常的休息，进而显得皮肤光洁润泽。但是如果睡眠不充足的话，皮肤血液循环会减慢，肌肤色素就会沉淀，这就是肌肤变黑的重要原因。除此之外，内分泌也会由于睡眠不好而失调，皮肤光洁度就会减弱，更严重的会引起体内循环系统紊乱，从而影响肌肤细胞组织的新陈代谢，肌肤就会黯淡无光。

（3）饮食原因

不正确的饮食习惯也会让肌肤变糟糕。暴饮暴食，以及烟酒的侵害会让肌肤黯淡无光，如果有偏食习惯的话还会营养不良，这些都是导致皮肤变黑的杀手。吃很多对皮肤不好的食物会加速肌肤变黑变老的过程。所以，很多MM皮肤黑黑的也和饮食有着很大的关系。

（4）化妆原因

现在爱美的MM越来越多，很多MM为了弥补自己肌肤上的缺陷而玩命化妆，由于使用了不好的化妆品，或者清洁肌肤的时候不够彻底，会在肌肤的毛孔中残留很多垃圾污染物，使肌肤变黄、变黑、变粗糙。这就是不正确的化妆让肌肤有了沉重的压力，致使肌肤形成恶性循环。所以说，化妆也是导致肌肤变黑的重要因素，一定要掌握正确的化妆卸妆方法，才能拥有更健康的肌肤。

（二）我的美白等级

想美白吗，那么一定要先知道自己的肤色。了解了自己的美白等级，才知道自己该往何处下功夫。不是每个人生下来都是白天鹅，但是故事的结尾告诉我们，丑小鸭经过蜕变是最美的白天鹅。无论如何，我们的目标只有一个，就是变白。

1. 等级一，黝黑派

由于某种原因，这一类型的MM就是最黑的那一种，美白也就成为日常的必做功课。黝黑派的MM最需要做的就是调整肤色，让肤色均匀很重要。

美白支招：这一类型的MM可以经常用一些强效的美白产品，面膜以及美白精华。全方位美白，不留余地。

2. 等级二，泛黄派

泛黄派的MM肤色暗黄，主要是因为劳累及压力过大导致，一旦精神压力过大，睡眠和情绪都得不到保障，自己的皮肤状况就会越来越差。再加上环境污染、每天的上妆卸妆，毛孔内堆积各种毒素，肌肤就变得污浊油腻，显示出一种暗黄的亚健康状态。

美白支招：这一类的MM可以吃一些抗氧化的食品，多做一些运动减压释放。这样可以让肌肤随着身体好好的呼吸调养，再加上外用一些补水、美白的产品。肌肤就会有所改善。

3. 等级三，泛红派

这一类型的MM美白等级在逐渐升高。也许不是很黑，但是肌肤红血丝较多，看上去红红的，也不是我们想要的镁光灯般的纯白。通常由于过敏的原因，肌肤会红红的，而且皮肤本身也不是很舒适。虽然不是黑色，但是泛红派的MM也要让自己的肌肤更美白健康才行。

美白支招：MM们可以多用一下抗过敏的护肤品，药妆的产品一般比较适合泛红派的MM们，大家一定要让肌肤保湿，给肌肤补足水分，肌肤才会更加的饱满健康。市面上有

一些专门针对红血丝的产品可以有选择的尝试。

4. 第四级，黯淡派

这一类的MM肌肤可能不黑不黄，但是由于肤色暗淡无光，于是肌肤看上去不够心中的美白标准。有可能是因为防晒做的不够细致充足，还有可能是因为肌肤缺水导致肤色黯淡。

美白支招：一年四季都要做好美白防晒的工作，多做一些美白的按摩护理，加强肌肤的补水保湿环节，坚持一段时间，肌肤有了光泽，美白就会透出来。

FIVE MINUTES LESSONS

Be Educated! Study Time

5分钟之 美白技巧私塾

美白是护肤环节中非常有针对性的一项科目。无论是大明星还是普通女孩，都希望自己的肌肤白皙细嫩。但是要做到这一点要非常努力的全方位美白才会有不一样的改变。我们不能常像明星一样去美容院做高科技的美白项目，但是，只要我们有恒心，自己日常护理得当，一样可以成为美白的先锋。在这里我们就给大家一套美白的全攻略。

（一）美白全攻略之化妆水

无论是我们说的爽肤水，还是化妆水等等，就是我们护肤过程中最最关键重要的一个步骤，如果美白爽肤水使用得当，会给整个美白过程都大大提分。因为爽肤水质地细腻，先对肌肤进行初步的调理，然后帮助肌肤更好的吸收接下来的护肤品。所以说，美白爽肤水的选择是非常重要的。

1.滋润美白

美白的同时，还不能忘了补水保湿这件事情。很多美白产品同时也都有很好的滋润效果，因为肌肤饱满充实才更能衬托肌肤的变白过程，晶莹剔透的美白肌肤，滋润是大前提。

口碑推荐：希思黎焕白化妆水

推荐理由：这款化妆水可以加速肌肤表皮黑色素的排除，并可抑制黑色素的生成。使肌肤呈现更明亮、更透明的肤色。这款水的保湿滋润效果非常显著，用后肌肤瞬间光滑、柔软，还能帮助之后产品更好地吸收。

2.紧致美白

对于肌肤较油的MM来说，选择一款收缩型的爽肤水是比较上佳的选择。在美白的同时，还能收缩粗大的毛孔，舒缓肌肤的不适状态，清除肌肤多余的油脂，让美白更加的清透舒爽。

口碑推荐：优白美白收敛化妆水

推荐理由：这款美白收敛化妆水，不仅能够有效的舒缓、镇静因紫外线影响受损的肌肤，还能有效抑制肌肤深层的黑色素生成，淡化色斑。使用后肌肤感觉清凉舒适，美白中还有很好的紧致效果。

3.清新美白

无论护肤还是做女人，给人清新的感觉是非常舒服的。如果在美白中能体会到清新的感觉，会让美白变得更加的轻松，肌肤没有过多的压力，便能焕发光彩。

口碑推荐：植村秀净透美白化妆水(清新型)

推荐理由：这款化妆水味道十分的清新好闻，不仅能舒缓晒后肌肤。还能去除含黑色素的老化细胞。维他命C衍生物、GK2、龙胆草、黄芩柑橘、萃取物、海洋深层水。这些都是非常清爽的美白成分，是一款质地清新而又温和的化妆水。

4.深度美白

说了这么多美白的类型，最最应该重视的还是深度美白。要选择一款非常细腻的化妆水，用过之后就有非常明显的美白效果。可以用来敷面膜，甚至夏天不用再擦其他滋润产品，就能给你最佳的美白效果。

口碑推荐：芙丽芳丝纯白爽润化妆水/纯白深润化妆水

推荐理由：作为化妆水，质地比较稠，有的MM用过说甚至可以当精华液使用。它能够迅速渗透肌肤，塑造呈现透明感的美丽肌肤，清爽水润的使用感，为肌肤补充充足的水分，以优良的水分积蓄力改善肌肤肌理，对肌肤进行深层呵护。

5.提亮美白

肌肤泛黄，红血丝等等问题，除了滋润以外，最好的效果就是提亮肤色，美白气色。通过充足的营养，让肌肤从内而外的改善，让肌肤问题一并解决。美白就是要慢工出细活，肌肤其他病症解决了，白嫩肌肤自己就会出来。

口碑推荐：资生堂透白美肌亮润收敛化妆水

推荐理由：这款全新透白美肌亮润收敛化妆水赋予肌肤清凉舒适感，针对容易脱妆或浮粉、肌肤泛红、毛孔粗大、粉刺等烦恼，让美白效果更臻完美。用后觉得肤色有明显的提亮，看上去的确会比以前变白很多。

6.保护美白

肌肤在强调美白的同时，还应该保护肌肤表面的皮层，不能因为过分美白而让肌肤表面受损，应该安全的美白，让肌肤在美白的过程中增加抵抗力，不断的完善肌肤状态，才是最佳的美白。

口碑推荐：兰芝净白清透化妆水

推荐理由：这款水是保护净化表皮层细胞的化妆水。表皮层细胞受刺激时，会形成黑色素生成信号，肌肤受损就容易越变越黑。而这款美白化妆水可以保护表皮层细胞，抑制黑色素生成，让美白变得更加健康。这款水很稠但是并不黏腻，搭配美白精华素使用，效果会更好。

以上就是美白全攻略的化妆水部分的介绍，大家可以根据自己的需求进行调整使用。化妆水非常的关键，早晚都要细心使用，才能更好的吸收后面的美白产品。

(二)美白全攻略之面霜

面霜是肌肤的保护层，有没有试过一天不用面霜，皮肤就像没穿衣服在大街游走一样，没有安全感，选择一款保湿滋润美白效果强大的面霜，是肌肤强韧有利的保证。如果说化妆水是开胃汤，那么面霜就是主菜了。对于这么重要的环节，我们当然要认真对待。

1.细致美白

混合型肌肤的MM有没有觉得自己的肌肤暗黄、甚至有色斑、痤疮印。这个时候就要用一些细致美白的产品，让肌肤慢慢变得紧致，细腻，从而达到美白效果。

口碑推荐：迪奥DIOR雪精灵无瑕美白面霜

推荐理由：这款面霜拥有收缩细致、美白滋润等多重功效，味道非常好闻，质地也比较温和，即使每天外出，也不会变黑，保护效果非常明显。搭配雪精灵精华使用，滋润效果也非常不错，毛孔变得细致了，也白了。

2.肤色变亮

美白有的时候不是单单肤色变白这么简单，黯淡无光的肤色也会影响美白效果，所以让肌肤亮起来也很关键。选择一款提亮肤色的面霜，会让肌肤看上去充满光泽。

口碑推荐：伊丽莎白雅顿显效复合活肤霜

推荐理由：这款神奇活肤霜提亮肤色效果是一流的，在使用14~21天后，脸部的细纹与干涩现象会有非常显著的改善；持续使用，肌肤的柔嫩度与透亮度会明显增加。因为面霜的滋养成分可渗透深达基底层的最底层，为肌肤扎下健康的根基，肤色自然的提亮了，感觉非常舒服。

3.天然嫩白

在高科技化学产品的引领下，许多产品开始倡导天然，矿物质等等原生态美白。许多产品成分都非常的简单，并且质地安全可靠。

口碑推荐：依云Evian矿泉保湿嫩白面霜

推荐理由：这款面霜蕴含阿尔卑斯山天然矿泉成分蛋白质、维他命E、微量元素、海藻精华等多种人体所需营养，能够迅速渗透角质层，补充肌肤吸收，保湿效果明显，完美的平衡肌肤的水油状态，滋润效果大大提升了美白效果。

4.植物美白

天然绿色的植物中有很多可以萃取出的保湿美白成分，用在护肤品中可以让肌肤得到最原始的滋润，没有副作用，也比较健康安全。没有化学药品的添加，会让面霜更加的纯粹，天然。

口碑推荐：泊美植物臻白凝皙美白面霜

推荐理由：味道清淡，不油不干，醇厚触感的面霜，安定型维生素C衍生物直接作用于肌肤表层色素沉着，防止色斑生成，天然植物成分的白茯苓以及红花使肌肤自然红润。这款纯天然植物的面霜适合四季使用，长期使用有明显美白效果。

5.修护美白

肌肤随着衰老，紫外线的侵害，会有一定的老化受损等现象，这个时候如果选用一款具有修复功能的面霜，肌肤会及时得到营养进而调整为最佳状态。

口碑推荐：欧珀莱AUPRES时空美白修护敷面蜜

推荐理由：这款面蜜介于面膜和面霜之间，可以修复因紫外线导致受损的肌肤，淡化日晒引起的色斑。

使用方法：先用柔软水调理肌肤，取适量（约5克）涂抹于整个面部。静置1分钟后擦拭干净。用完后肌肤软软的嫩嫩的白白的，非常适合稍懒的MM，因为完成整个过程只需要1分钟。

6.实惠美白

介绍了很多面霜，对于经济条件有限的学生MM来说，物美价廉又有效果是最最实惠的。所以要找到适合自己又相对便宜的美白产品，这样才能让肌肤平等的得到美白滋润。

口碑推荐：高丝莱菲REFINE美白面霜

推荐理由：这款面霜可以形成盈润地保护膜以减缓肌肤粗糙与干燥，双重美白成分能够防止色斑、黑斑的产生，并能恢复和提升肌肤的弹性，让肌肤真实感受滋润与白皙。是物美价廉的实惠美白产品。

面霜一定要选择最适合自己肌肤状态的产品。无论价格，适合才是第一。我们不仅要得到最佳效果的美白，更要保持肌肤年轻健康的状态，及时给肌肤补充营养，将美白进行到底。肌肤变白了，人也清透了，肤色提亮了，整个人看上去都会很健康阳光。

（三）美白全攻略之精华

精华就是极品的意思，护肤品种的精华成分精致，功效强大，效果显著。使用美白精华，可以加快肌肤新陈代谢，让肌肤饱满充盈，迅速美白。对于众多美白产品来说，精华是最直接快速有效的方法。在洁面后，拍打完化妆水，将精华涂于面部，你会有惊人的发现。

1. 淡斑美白精华

作为一款有美白功效的精华素，它一定也会有显著的淡斑功效，这样更能看出这款精华的功力。无论是痘印还是雀斑，都会在精华素强大的威力下慢慢变浅甚至消失，只留下白嫩细滑的肌肤。

口碑推荐：玉兰油精纯深澈透白精华露

推荐理由：蕴含高浓度的 Sepiwhite成分，使其淡斑美白效果达到双倍功效，经过日本消费者评价，其美白效果强于日、韩高端美白精华！此款精华质感细腻，涂抹在肌肤上，配合按摩手法，很容易被肌肤吸收；另外保湿效果也很好，不像其他美白淡斑产品一样令肌肤有干燥的感觉。

2. 汉方美白精华

中国古代有很多美女，同时也流传了很多皇室贵妇保持肌肤白嫩的秘方。古代没有高科技，却能让三宫六院的妃子有傲人的肌肤，所用的护肤品就是我们现在所说的汉方。

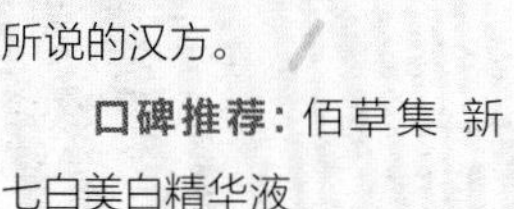

口碑推荐：佰草集 新七白美白精华液

推荐理由：高浓度新“七白”精华成分均属于汉方成分加上天然维生素C和熊果苷精华混合，使此款精华液能够迅速渗透、滋润、调理肌肤，均匀肤色，有效抑制黑色素生成，淡化色斑，清爽的质地极易被肌肤吸收，令美白越发持久。

3. 保湿美白精华

保湿效果好的美白精华液可以有很好的淡斑效果，因为肌肤饱满，水分充足，加上强效的美白效果，肌肤将慢慢告别让人烦恼的黄褐斑，逐渐恢复白皙肤质，并且整体肤色均匀。

口碑推荐：植村秀 花颜净透美白精华液

推荐理由：此款精华具有击退斑点以及强效保湿的作用。高浓度的活性成分，能深度护理肌肤，能出色的抑制黑色素的生成，能够使肤色更通透更均匀。

4. VC美白精华

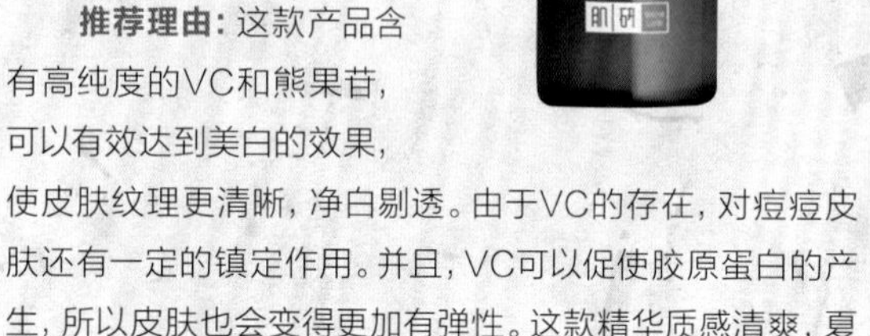

VC是我们经常能在护肤品中看到的成分，可以给肌肤补充充足的营养，并产生胶原蛋白，这种美白精华会具有非常好的美白效果，几次使用就有明显改观。

口碑推荐：肌研白润美白精华素

推荐理由：这款产品含有高纯度的VC和熊果苷，可以有效达到美白的效果，使皮肤纹理更清晰，净白剔透。由于VC的存在，对痘痘皮肤还有一定的镇定作用。并且，VC可以促使胶原蛋白的产生，所以皮肤也会变得更加有弹性。这款精华质感清爽，夏季也可以使用。

5. 提亮美白精华

所有的美白精华还有很好的提亮肤色的效果，让原本暗沉发黄的肌肤更加透亮，白皙。肌肤出现光泽，美白效果也会更加明显，额头，U字区这些平时粗糙暗淡的地方会有最显著的改善。

口碑推荐：雅姿 美白精华液

推荐理由：这款精华蕴含多元皙白复合精华及雅姿专利美白成分，如总状升麻根萃取精华及芦笋根萃取精华等，同时配合多种美白精华成分如光果甘草根提取物和麦芽精华，帮助从源头上抑制黑色素生成，有效淡化色斑，并有助提亮、均匀肤色。

6. 抗老美白精华

一般的美白精华含有很多维生素，在美白的同时也能起到抗老化的作用。肌肤时刻保持年轻鲜嫩，精华素是非常重要的，它能缓解肌肤的细纹，让肌肤恢复年轻状态。

口碑推荐：The Face Shop白树超浓缩美白精华素

推荐理由：这款精华素含有丰富的维他命，美白抗老两不误。白树在韩国也叫维他命树，含有丰富的维他命A、B、C、E和不饱和脂肪酸。其中的植物精华成份能有效修护受损的肌肤细胞，帮助肌肤对抗环境污染，抵抗游离基的侵害，有效改善斑印，肌肤回复紧致细滑、晶莹白晰，可以说是一款全能美白产品。

可见，一瓶好的精华素肌肤可以改善肌肤所有问题，美白的前提是肌肤水分充足，美白的过程中，还可淡斑，去皱，抗老化。只要我们坚持使用美白精华，就能将肌肤调理成理想中的羊脂白玉。

(四)美白全攻略之四季防晒

防晒是美白的重要环节，就像关卡一样，守住了这重要的一关，对肌肤的保护是非常重要的。紫外线对肌肤的侵害，会让肌肤长出色斑、皱纹，加速老化的过程。所以，无论一年四季，我们都要将防晒工作做到底。做防晒达人，让肌肤永远水嫩透白。

1. 春季防晒秘籍

春季肌肤正是敏感时期，不要用过多的刺激性产品，但是，防晒却是必须要坚持的，不要以为防晒是夏天的事情，春季的日照也可以对肌肤造成很大的伤害。为了不让肌肤在干燥敏感的春节有过多的负担，我们可以借助以下的几个防晒武器全副武装自己，一样可以达到较好的防晒效果。

武器一：大草帽

大草帽可以护住前额和面部，而且一顶漂亮的大草帽还会让着装整体看上去充满清爽的田园风。

武器二：防晒隔离霜

防晒隔离霜目前逐渐有取代防晒霜的趋势，将妆前隔离霜、润色、防晒合而为一。不用给春季肌肤添加过多的压力，使用防晒隔离霜就能很好的阻挡阳光。

2. 夏季防晒秘籍

夏季是防晒的重中之重。阳光毒辣，空调干燥，肌肤在这一季度将遭到前所未有的考验。但是，就算在炎炎夏天，我们也要让肌肤美美的、水水的、白白的。一旦让阳光侵蚀到肌肤，我们的容颜就会加速老化，长斑，生出小细纹等等让我们心碎的东西。所以，大家一定要把好夏季防晒的关。

武器一：防晒霜

选择防晒指数高的高效防晒霜，整个夏天只要出门就要使用，即使不出门，也应该做好室内防晒。全方位保护肌肤，但是特别注意要做好面部的清洁。不要让防晒霜残留在皮肤中。

武器二：太阳伞

带有防晒指数的太阳伞是夏季每个MM的必备单品，一定不能偷懒，有了一把伞在手，会让肌肤少受到很多伤害。买伞的时候一定要注意，要看好标签上具有防晒指数的标志才购买，普通的雨伞对于紫外线并没有很强的抵抗力。

3. 秋季防晒秘籍

秋天很多MM就觉得战斗了一个夏季，终于可以放松一下了，不用这么拼命的防晒了，答案是，不可以。防晒依然要继续，秋高气爽，太阳也是很毒的。如果在这个季节掉以轻心，黑色素还是会慢慢爬上我们光洁的肌肤，成为美白杀手。阳光，秋日的干燥，以及灰尘等等，都要被我们隔离在肌肤以外。

武器一：防晒日霜

躲过了燥热的夏季，让肌肤透个气也是应该的，但是防晒还是要继续，可以选择有防晒倍数的日霜来护肤。这样既不用继续使用厚厚的防晒霜，又可以起到抵挡紫外线的作用。在秋季进行这样的日常护理，又可以保持肌肤正常的呼吸，还能继续美白，一霜多效。

武器二：防晒粉饼

防晒粉饼携带方便，使用方便，在补妆的同时又可以为肌肤防晒，是一举两得的好选择。秋季天气十分适合化妆，这个时候利用粉饼的防晒功效，轻松抵挡紫外线，让黑色素无孔可入。秋季防晒粉饼是爱化妆的MM们的不二选择。

4. 冬季防晒秘籍

冬天的阳光没有夏季那么刺眼了，大家是否因此而忽视了防晒功课呢？要知道，紫外线在阳光强烈的时候很强，但是在阳光不那么强烈的时候并不是就完全消失了。所以，冬天也要将防晒进行到底。冬季肌肤新陈代谢减慢，加上空气寒冷干燥，防晒就变得更加的需要细心和周到。

武器一：滋润型防晒

无论是防晒霜还是隔离霜，都要选择滋润效果比较出众的，因为冬季是干燥的季节，肌肤需要保持水分来维持健康的状态，如果过分追求防晒而使肌肤变得干燥敏感的话，会引起肌肤的不适等等，所以大家要选择滋润效果好的防晒产品。

武器二：墨镜

墨镜一年四季都应该佩戴。由于冬季干燥，眼部周围脆弱的肌肤更是禁不起破坏和紫外线。所以，冬季尤其应该佩戴墨镜。防止黑眼圈，眼纹的形成。让眼部肌肤也得到很好的保护。这样能保持整个面部肤色均匀，细白。

（五）美白全攻略之夏季晒后急救

夏天，我们都在拼命防晒，还是免不了会被晒黑甚至是晒伤。如果有朋友邀请一起去海边游玩，相信大家也不会错过这美妙的机会，无论是暑期游玩还是日常的晒黑，回来以后都难免会让肌肤受苦。这个时候再赶上同学朋友的生日PARTY或者公司聚会，黑黑肌肤就会成为你的困扰，所以，一定要记得做好晒后急救。

急救场景一：被晒当场肌肤不适

无论是夏日出门没带伞，还是海边游泳日照疯狂，肌肤很有可能在被晒的时候就已经感到不适了，两颊红红的，这是因为肌肤有轻微的灼伤，主因就是UV-B让微血管扩张、引起皮肤发炎。如果还在室外的话，红红的肌肤不仅会自己觉得不适，还会影响美观，看上去肌肤粗糙，也给人燥热的感觉，所以，必须马上让肌肤冷静下来。

急救措施：矿泉喷雾

一旦感觉发红发烫，马上靠它压下去！高温会使麦拉宁色素活性化，让你的肌肤黑的更快。所以肌肤一感到发烫，就快躲进凉爽的室内，再用冰水或保湿喷雾立刻狂喷面部进行降温。矿泉喷雾都有舒缓功效，一发热马上喷，不只抑制发炎，还能让黑色素来不及产生，并舒缓肌肤。

急救场景二：晒后肤色暗沉

被晒当天没有明显的肌肤不适的感觉，但是回家两天就发现，肌肤变得暗黄不堪，发炎没有及时压制，表皮就会开始变硬、变厚，肌肤透明感尽失。加上UV-A让麦拉宁色素大量增加，整脸肤色都开始不均、晒斑也在悄悄形成。

急救措施：晒后修复霜

白天被阳光伤害后的肌肤，晚上回家一定要使用晒后修复霜。将修护霜厚厚的涂在脸上，平息那些活跃的黑色素。紫外线的辐射拥有可怕的蓄积力，虽然已经回到室内，紫外线仍在脸上肆虐、持续发炎！无论表面红热是否减轻，6小时内还是应该再用芦荟胶厚敷，或者擦上含甘草萃取、燕麦等成分的晒后修护霜，镇定深层发炎的组织。

急救场景三：晒到脱皮

表皮细胞因为发炎而纷纷坏死，晒后2~3天会长出新生的角质细胞，这个时候全脸都开始脱皮，十分不舒服也不美观，肌肤连化妆品都吃不住了，这个时候如果有外出等活动，那么爱美的MM可就要着急了，这样的一张脸，怎么出去见人啊。

急救措施：晒后修复加补水面膜

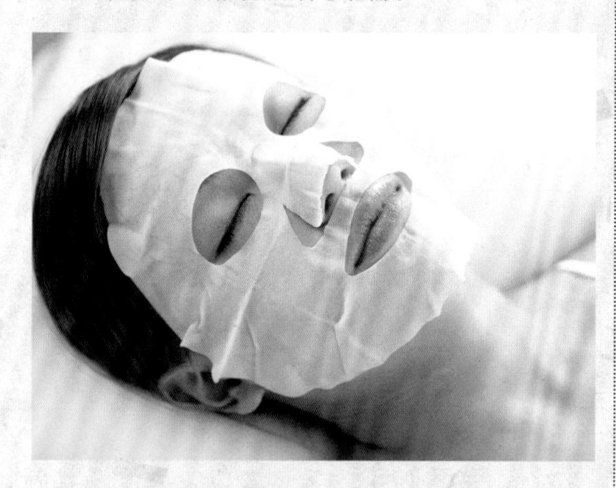

市面上有很多晒后修复的面膜，这个时候就要拿来使用了，给晒伤的面部做一个具有镇定补水效果好的面膜是非常重要的，可以缓解肌肤的不适，还能调整肌肤的状态。补水面膜也是好选择，凝胶式冻膜，透气并且散热效果好。晒后肌肤失水，面膜就是补水捷径，要提醒大家的是片状面膜容易闷住肌肤造成接触性皮肤炎！建议选择不含油脂的“凝胶式冻膜”。

急救场景四：晒后肌肤衰老

经过一场暴晒，或者整个夏季的考验，肌肤如果没有得到及时的修护，秋冬的时候脸上就会出现小细纹。这个时候肌肤处于极脆弱的脱屑状态，水分非常容易流失，若没加强补水、锁水，不出一个月，那些小细纹就会让你看起来非常苍老。这个时候我们就要做最强大的急救。

急救措施：精华液

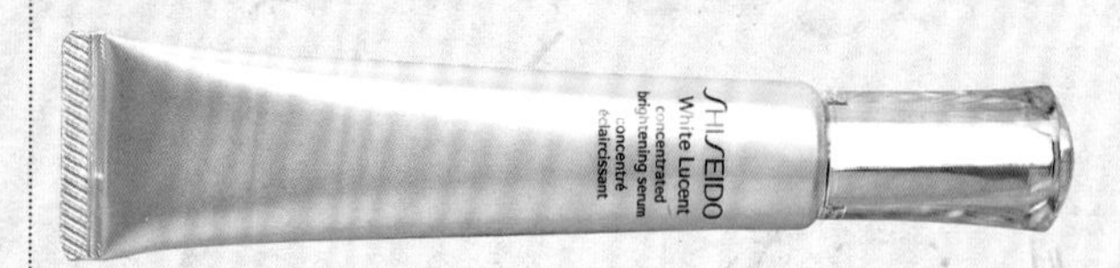

晒后最难救的，其实就是胶原蛋白了，紫外线不只会加速皱纹的产生，还会使胶原蛋白流失，时间拖得越长便越难补救。普通轻微晒伤，约1~2天就会褪红，比较干燥的地方如眼尾、颧骨，建议在第3天就开始擦弹力精华，或者保湿精华，预防小细纹诞生。

美肌Tips:

下面告诉大家几个晒后修复面膜的配方，必要的时候可以自己DIY搞定。

西瓜皮面膜

{原料}:

西瓜皮一片、蜂蜜适量。

{制作法及使用方法}:

用西瓜皮汁混淆蜂蜜做成面膜。直接敷面约25分钟后清洗，可以起到补水降温，镇静肌肤的效果。

珍珠粉面膜

{原料}:

玉米粉、珍珠粉、面粉、纯净水。

{制作及使用方法}:

将前三者依照2: 1: 2的比例加入适量纯净水混淆搅拌，敷在脸上能起到舒缓肌肤，美白提亮的作用。

5分钟之 美白美食私房菜

美白和其他保养环节一样，也是可以吃出来的，很多日常的食品都可以起到美白的效果，只要大家善于发现和尝试。想拥有白皙的肌肤，改善饮食也是非常重要的，多喝一些有美白效果的靓汤，相信肌肤一定会水嫩润白。为了自己做一道能美白的美食，这是多么美好的事情。

(一)这些食物让你轻松变白

日常生活中，有很多食品都有很好的美白作用，只是大家不知道或者没有坚持。这些食物不仅对身体非常有好处，对肌肤的美白效果也不错。

吃什么会决定肌肤的状态，如果你是一心想变白的MM就不要吃过多的油炸食品、垃圾食品，更不要吃含有过多色素的食品，会造成肌肤的色素沉淀，尽量吃颜色浅的食物。

1. 美白食物一：牛奶

牛奶是非常好的美白食品，不仅可以喝，用来做各种面膜面霜也是必需品。牛奶含有非常多的矿物质，睡前喝一杯牛奶不仅对肌肤非常好，还有助于我们的睡眠。一天一杯，让肌肤和牛奶一样细白润滑，美白过程变得轻松又美味。

2. 美白食物二：豆制品

豆制品被称为天然的植物激素，多吃豆制品有助于调节女性身体里的雌性激素，是对女生非常好的食品。每天早晨的时候喝一杯豆浆，多吃豆腐之类的食品，长期下来，你会发现自己的肌肤嫩嫩的，白白的。

3.美白食物三：番茄

现在最热门的食品莫过于番茄了，在东京，在纽约，从大明星到小女生都在疯狂食用，因为番茄不仅可以减肥，还是非常棒的美白食品，它含有丰富的VC，VC是美白的好东西，不仅可以让肌肤变白，还有祛斑的功效。不过番茄最好还是生吃，这样吃营养价值最高，每天一个番茄，补充充足的维生素C，肌肤变白就指日可待了。

4. 美白食物四：银耳

银耳被称为“穷人燕窝”，冰糖银耳是非常好的美白食品，做法也很简单，只要将银耳煮熟加入冰糖即可食用，还可以根据自己的喜好添加其他如枸杞之类的补气血的食品。经常食用肌肤就会变得如贵妇般的白皙。

5. 美白食物五：葡萄

葡萄也含有丰富的维生素，可以滋养肌肤，美白润滑。如果不是葡萄的季节，大家可以吃“葡萄籽”，这种对于日常较忙，或者较懒的MM是非常方便的，每天不需要花很多时间，吃一粒，肌肤明显变得白滑很多。

6. 美白食物六：白萝卜

俗话说，“上炕萝卜下炕姜”，白萝卜非常的补气，对女性身体相当有益，多吃还可以起到抗氧化的作用。白萝卜能够很好的抑制黑色素的形成，无论是生食还是做汤，味道口感佳，常食还可以使肌肤白净细腻。

7. 美白食物七：芦笋

芦笋中含有丰富的硒，不仅能够抗老化，还能使皮肤白嫩。芦笋淡淡的青绿色非常的健康。素炒，或者做汤的时候放做配菜，清淡中又不失营养，多吃芦笋除了美白肌肤，膳食纤维还能清理肠胃。

8. 美白食物八：冬瓜

冬瓜是一年四季都可以食用的好蔬菜，与海米一起炒着吃或者做汤都有很好的祛暑、利尿消肿等功效，冬瓜含有很多微量元素镁，镁可以使肌肤饱满红润，皮肤白净。冬瓜汤，相信是MM们夏季必备消暑养颜靓汤之一。

9. 美白食物九：柠檬

大家都知道，柠檬有非常好的美白效果，但是，很多MM都不能忍受柠檬的酸味，其实，想美白很简单，只需要将柠檬切片，然后用水沏开，如果觉得太酸的话，可以放些蜂蜜在其中。来一杯具有非常好的润肠、美白效果的蜂蜜柠檬水，一定会让你的肌肤更清透、白皙。

10. 美白食物十：猕猴桃

猕猴桃可以说是水果之王，各种营养元素都是其他水果的N倍。维生素以及十多种氨基酸和矿物质，不仅增加了身体的抵抗能力，还让肌肤有了对抗紫外线的能量。对于猕猴桃的美味与营养，MM们可以选择吃果肉或者喝猕猴桃鲜榨汁。都是对肌肤非常有帮助的方法。

许多蔬菜、水果、豆制品，都有很好的美白润肤效果。但是，水果也不能当主食吃，一是有的水果含糖量太高，多吃对身体不是很好，容易发胖，而且对肌肤也有副作用会变黄，比如橘子等等。蔬菜也是要配合季节来食用，不能过量。鱼类也是非常好的美白食品，可以和蔬菜搭配来吃，营养又美味，大家一定要严格控制饮食，为了美白，垃圾食品是永远不能碰的。

（二）美白营养靓汤食谱

美白除了面部，全身透白也是所有MM希望达到的境界，通常我们使用的护肤品只是滋润了面部颈部，但是，吃却可以改变全身的肌肤状态，而为了让MM们不受油烟的侵害，我们推荐大家试试美白营养靓汤，不仅滋润了身体，也满足了味蕾，还能让美白由内而外的散发出来，多好！

靓汤一：薏仁淮山美白汤

{材料}：

薏米、淮山片、海带各30克，鸡蛋2个，清鸡汤、香油、胡椒粉、盐各适量。

{制作}：

○1将海带洗净，切成条状；薏仁、淮山片洗净用温水浸泡2小时。

○2将海带丝、薏仁、山药加清鸡汤，共放入高压锅内炖于极烂。

○3冲凉揭盖，喝前煮沸，加入鸡蛋搅匀成蛋花。

○4再加入盐、胡椒粉调味，淋少许香油起锅即可。

美肌Tips：

淮山含有丰富的钙、铁以及维生素B、C等营养成分。薏仁又可以消肿去湿。加上美味滋补的鸡汤，一定会让你的肌肤白嫩紧实。

靓汤二：鸡腿山药美白汤

{材料}：

鸡腿 1只，鲜山药150克，玉竹、枸杞、白芷各10克，姜片、盐、料酒、味精、香油各适量。

{制作}：

○1先将鸡腿洗干净，切块。然后放入沸水锅中焯去血水，取出清洗干净。

○2山药去皮洗净后切成小块。

○3重新起锅注入清水，先将鸡腿煮10分钟，接着将山药和其他材料放入锅中，用小火煮1个小时后放入调味料即可。

美肌Tips：

鸡汤有很好的滋补功效，加上玉竹、白芷都是中医药材中美白的佳品，山药白滑的口感，这几样搭配在一起，有不错的美白功效。

靓汤三：鱼脯豆腐美白汤

{材料}：

白鲢脯250克，豆腐200克，青笋1/2根，枸杞子15克，盐、姜片、植物油各适量。

{制作}：

○1鲢鱼洗净；豆腐切成块状；青笋去皮，洗净切块。

○2锅内倒油烧热，下入鲢鱼，煎至变色，注入足量清水，下入枸杞子、豆腐、青笋、姜片，用大火煮10分钟。

○3改为小火，加入少许盐，煮30分钟即可。

美肌Tips：

一锅鲜美的鱼汤，加上可以补气的当归，肌肤滋润了，饱满了，气血充足了，脸色自然红润好看。

靓汤四：杏仁山药粳米粥

｛材料｝：

粳米100克、山药100克、杏仁20克。

｛制作｝：

○1粳米淘洗干净，放入适量的水煮粥。

○2山药去皮，洗净，切块；当粳米粥开锅后放入。

○3杏仁压碎，待山药粳米软烂后加入到粥中，即可食用。

美肌Tips:

众所周知，杏仁是美白佳品，这款美白粥制作简单，美白效果却非常好，爱漂亮的MM还可根据自己喜欢添加水果。

靓汤五：黄芪美白鸡汤

｛材料｝：

母鸡1只，黄芪20克，香菇50克，枸杞子15克，植物油、盐、味精、生姜、料酒、葱各适量。

｛制作｝：

○1将母鸡宰杀后，清理干净，漂洗，抹上盐和料酒腌渍30分钟后在冷水中加热焯水，待用。

○2黄芪洗净；枸杞子用温水泡软；香菇洗净；生姜洗净后切片；葱洗净切段。

○3将母鸡、黄芪、枸杞子、香菇以及姜片、葱段一同入锅，注入足量清水，用大火煮沸后改用小火温煮40分钟。

○4放入油盐、味精等调料调味，即可。

美肌Tips:

黄芪是非常好的补气药材，这款汤可以有效的提亮我们的肤色，让面色看起来更加的红润明亮。

靓汤六：猪脚花生美白汤

｛材料｝：

猪蹄500克，花生仁200克，植物油、盐、味精、酱油、姜片、葱段各适量。

｛制作｝：

○1将猪蹄刮干净，洗净后，在冷水中加热焯水，剁成块。

○2精选优质花生仁，浸泡1个小时后捞出来，沥水；生姜切片，葱切段。

○3炖锅内注入足量清水，将猪蹄、花生仁、姜片和葱段一同入锅，用大火煮沸后，撇去浮沫，改用小火温煮，直至猪蹄肉熟烂。

○4放入植物油、盐、酱油、味精等调料调味即可。

美肌Tips:

猪脚是非常好的美肌食品，可以让肌肤更加的饱满紧实，富有弹性。这款汤有非常好的滋补效果，适合春秋的时候为肌肤补水美白。猪脚中丰富的胶原蛋白会让你的肌肤红润有光泽。

靓汤七：老鸭美白汤

｛材料｝：

鸭肉500克，水发海带200克，高汤、植物油、盐、味精、料酒、姜片、葱段各适量。

｛制作｝：

○1将鸭肉反复洗净，抹上盐和料酒腌渍30分钟后在冷水中加热焯水，待用。

○2将海带在清水中充分浸泡后，洗净，切成海带丝，沥水待用。

○3将鸭脯肉入锅，注入足量高汤，用大火煮沸后，撇去浮沫，放入海带丝、姜片和葱段，改用小火温煮，直至鸭肉熟烂。

○4放入植物油、盐、味精等调料调味，即可。

美肌Tips:

鸭肉含有丰富的蛋白质和氨基酸，可以润泽肌肤。这款汤其他几种食材也是非常好的补气补血祛斑养颜的佳品。此汤四季皆宜食用。

FIVE MINUTES LESSONS

Be Educated! Study Time

5分钟之美白DIY学院

美白，自己动手，让自己的面部及身体随着自己的双手而变得晶莹剔透，白璧无瑕。自己动手制作的美白产品不仅没有化学成分，全部为纯天然，还可根据自身特点调整针对点。轻松的DIY过程充满了乐趣与美丽。快动手做这件快乐又可以美白的事情吧，让肌肤在自己的DIY中白起来。

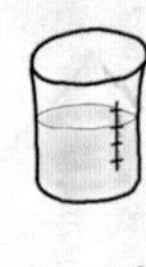

（一）天然果蔬DIY美白面膜

水果蔬菜是最好的天然护肤品，使用这些天然原材料为自己娇嫩的肌肤制作一个美白面膜，听音乐、看书、放松心情，一边美白一边享受生活带来的乐趣，把生活中这些吃的喝的通通变成可以美白肌肤的法宝，只要你有坚定美白的决心，美白达人就是你。

天然美白面膜秘籍一：西瓜美白面膜

将西瓜榨成汁，然后加入适量的面粉和牛奶，搅拌成糊状。均匀涂抹在面部，停留20分钟左右用清水清洗干净即可。

美肌Tips:

这款西瓜美白面膜，不仅可以美白，还有很好的收缩毛孔的功效。非常适合夏季使用，如果西瓜汁或者牛奶是冰镇的，还有一定的镇定肌肤的功效，做晒后美白也非常的有效果。

天然美白面膜秘籍二：芦荟美白面膜

将芦荟和一小段黄瓜放入榨汁机榨汁，然后放入适量的蛋清以及一小勺珍珠粉，均匀搅拌成粘稠状，如果太稀的话还可以加入少量的面粉，然后涂抹在清洗干净的脸上，15分钟后清洗干净即可。

美肌Tips:

大家一定要注意做完面膜后要使用爽肤水和润肤霜。这样这款芦荟美白面膜才会得到更好的功效发挥，芦荟的美白效果不仅惊人，保湿效果也一样会让你满意。

天然美白面膜秘籍三：苹果美白面膜

将一半苹果去皮去核后榨成汁，然后将白芍粉倒入苹果汁，搅拌成糊状即可，不能太稀。然后均匀涂抹在面部颈部，15分钟左右即可用清水洗净。

美肌Tips:

这款面膜除了美白还能滋润肌肤，非常适合混合性或者油性肌肤的MM使用。

天然美白面膜秘籍四：鲜果美白面膜

将苹果、香蕉、龙眼、柠檬等水果去皮后放入搅拌机，搅拌后放入适量的蛋清调匀成糊状后，敷在面部和颈部20分钟左右，然后用清水冲洗干净即可。

美肌Tips:

这些美白效果极佳，含有丰富维生素C及其他营养成分的水果综合起来的功效一定十分强大。如果你喜欢多种口味，可以试试这款美味的鲜果美白面膜，肌肤同时会变得细滑无比。

天然美白面膜秘籍五：西红柿橙子美白面膜

将西红柿和橙子各取半个放入榨汁机中榨成汁，要去掉茎蒂和籽。取一张面膜纸浸泡在汁液中，根据自己的需求可放入冰箱中。5分钟后拿出敷在脸上20分钟左右，然后清洗干净即可。

美肌Tips:

众所周知，西红柿和橙子都含有丰富的VC，具有很好的美白效果，但是这款面膜不适合敏感肌肤的MM，所以还是要根据自己的肌肤进行调整。

天然美白面膜秘籍六：柠檬美白面膜

将一个鲜柠檬榨成汁，一定要用一倍的水进行稀释，然后倒入适量的面粉调成泥状敷在脸上，15分钟后用清水洗净。面粉还可以根据自己的喜好换成珍珠粉，这样会有双重美白加去角质的功效。

美肌Tips:

柠檬的美白效果可以说是水果中最出色的，但是如果是敏感肌肤或者晒伤的肌肤就先不要使用，因为过强的酸性可能会让你的肌肤更加的不适。

天然美白面膜秘籍七：胡萝卜美白面膜

先将胡萝卜用搅拌机打成泥状，然后加入些许橄榄油和绿豆粉，搅拌均匀涂抹在脸上，15-20分钟之后用清水清洗干净。

美肌Tips:

这款面膜还可以根据自己的肌肤状况添加柠檬汁，或者将绿豆粉换成薏仁粉。但是如果是肌肤敏感的MM建议不要用柠檬汁。胡萝卜丰富的维生素会让肌肤更加白皙。

天然美白面膜秘籍八：芹菜美白面膜

将芹菜清洗干净，切成小段，然后和黄瓜或者苹果一起搅拌成泥状。接下来添加蛋清或者蜂蜜。搅拌均匀后敷在脸上20分钟，用清水洗净即可。

美肌Tips:

大家都不知道，芹菜还有美白的功效，其实芹菜不仅可以美白，还有很好的紧致肌肤的效果。加上黄瓜和蜂蜜，肌肤在得到滋润的同时还能很好的收缩毛孔，让肌肤白皙雪嫩。但是敏感肌肤要慎用。

所有自制的美白面膜，都应该在洁面后使用，让肌肤完全的吸收所有的营养，然后在面膜后使用美白滋润型的爽肤水以及面霜乳液等，肌肤经过一夜的睡眠，转天便会有让你满意的美白效果。简单、方便、经济、有效，这就是DIY面膜最大的特点。

（二）自制焦点密集美白霜

在我们很小的时候，没有爽肤水精华液这种东西，但是，我们每天洗完脸后还是要用面霜。这说明，面霜是所有护肤程序中非常重要的一步。我们要让自己的肌肤又白又滋润，一款适合自己又有效果的面霜是十分重要的。自己动手为自己制作一款适合自己的面霜吧。

秘籍一：豆浆美白面霜

不知道从什么时候开始，豆浆成为所有MM的必备饮品，每天早上喝，晚上喝就是为了让肌肤水润，白皙。同时，豆乳类型的产品也长脱销于货架。可见，MM们对非常有益于肌肤的豆制品产品的喜爱。

{制作方法}：

1. 准备一瓶豆浆，自制或者超市买的均可。

2. 用小锅加热豆浆，将表面起的一层薄薄的皮取出待用。

3. 反复操作几次，存到一小瓶的皮，量可以根据大家自己使用的需求掌握，建议不用很多。

4. 滴3滴左右的橄榄油或者甘油在豆皮中，搅拌均匀即可。

5. 把制作好的面霜放进冰箱的保鲜柜中，待用。

美肌Tips:

这款自制豆浆美白面霜，晚上洁面后均匀涂抹在脸上，转天的早上起来用清水洗净即可。由于都是纯天然手工制作，所以一定要在一周之内将面霜用完。此面霜只适合晚上睡前使用，也等于一款美白睡眠面膜。

秘籍二：甜杏仁美白面霜

杏仁的美白成分非常的有效果，为自己制作一款实用的甜杏仁美白面霜，让肌肤如杏仁露一般嫩滑，细白。许多大牌护肤品都特别强调杏仁的功效，爱美的你也不能落后。

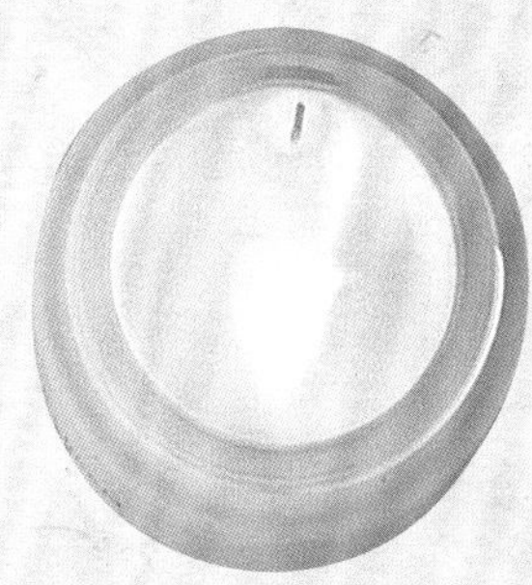

{制作方法}：

1. 准备好一个干净的瓶子，搅拌用的工具。

2. 将纯水65毫升、甜杏仁油15毫升、甘油5毫升、乳化剂2毫升放在瓶中。

3. 搅拌均匀，即可使用。

美肌Tips:

这款面霜早晚都可以使用，搭配美白保湿类型的爽肤水效果会更佳。如果是夏季还可以放在冰箱后使用，清爽又不油腻，甜杏仁油香香的味道也会给你一个好心情。如果自己喜欢，还可以添加非常少量的珍珠粉，这样美白效果会更加的明显，但是如果是干性肌肤的MM就不要添加了，原配方的滋润效果会更佳。

秘籍三：精油美白面霜

精油的美白滋润效果应该是所有护肤种类中名列前茅的，由于是纯植物提取物，所以用量也是要十分注意的，但是如果使用得当，用精油的成分为自己制作面霜，滋润和美白的功效一定会让你变成瓷娃娃。

{制作方法}：

1. 准备好无香精的乳霜50毫升，放置在干净的瓶子中。

2. 在瓶子中加入甜橙精油3滴、茉莉精油2滴、乳香精油5滴。

3. 用搅拌棒搅拌均匀即可。

美肌Tips:

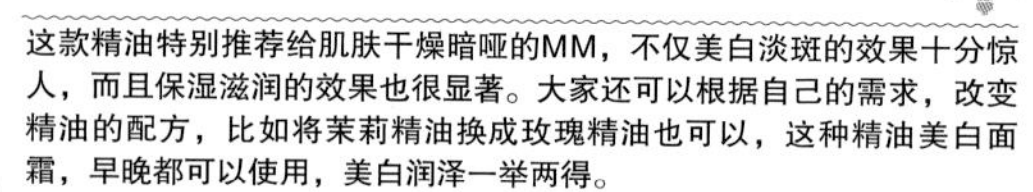

这款精油特别推荐给肌肤干燥暗哑的MM，不仅美白淡斑的效果十分惊人，而且保湿滋润的效果也很显著。大家还可以根据自己的需求，改变精油的配方，比如将茉莉精油换成玫瑰精油也可以，这种精油美白面霜，早晚都可以使用，美白润泽一举两得。

秘籍四：胶原蛋白面霜

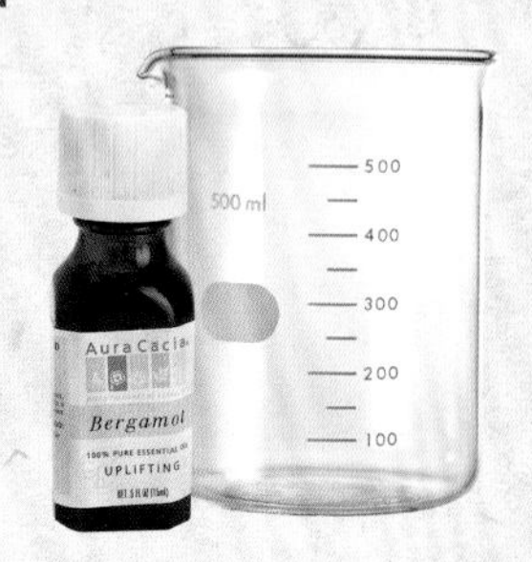

胶原蛋白是肌肤的动力源泉，肌肤的老化就是因为随着岁月的增加紫外线以及其他原因让胶原蛋白流失，越来越少，造成肌肤变黄，失去弹性。将胶原蛋白成分用在脸上，让肌肤充分吸收营养，一定是不错的选择。

{制作方法}：

1. 将酪梨油10毫升、月见草油10毫升、维生素E2毫升、乳化蜡9克放入玻璃杯中加热，并搅拌均匀。

2. 将甘菊花茶75毫升倒入刚才的材料中继续加热。

3. 搅拌15分钟左右，等温度下降后，再在材料中加入橙花精油10滴、银杏胶原蛋白5毫升、以及甘油3毫升，继续搅拌均匀即可。

4. 放入自己喜欢的消过毒的瓶子中，准备以后慢慢使用。

美肌Tips:

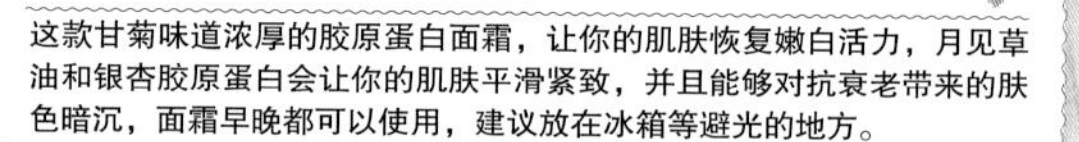

这款甘菊味道浓厚的胶原蛋白面霜，让你的肌肤恢复嫩白活力，月见草油和银杏胶原蛋白会让你的肌肤平滑紧致，并且能够对抗衰老带来的肤色暗沉，面霜早晚都可以使用，建议放在冰箱等避光的地方。

自制的面霜保质期都会非常的短，因为没有任何化学的添加成分，所以大家要少量的制作，大量的使用，保证面霜的效果还不浪费材料。大家一定要将DIY进行到底，保证自己环保的护肤过程，天然、白皙、肤如凝脂指日可待。

{第四章}

Chapter 4

无瑕美肌，完美抗痘

关键词：

[祛痘]

青春痘，粉刺，这些制约我们肌肤完美化的天敌，无论你多么的顽固，我们还是要将你彻底铲除。脸上凹凸不平，红红的，肿肿的，难看又不洁净，肌肤再也不是儿时的光滑细腻，一个个突起的肿包，不仅仅是不美观，而且也让肌肤感到分外的不适。我们要用尽一切办法将痘痘消灭，找回干净无瑕的面庞，只要我们有正确的方法和持之以恒的决心，战痘这场战役，我们定会完胜。

Be Educated! Study Time

5分钟之

FIVE MINUTES LESSONS

痘痘自测
大讲堂

知道自己的肌肤为什么起痘痘吗？知道自己的痘痘严重到什么程度了吗？知道痘痘是从何生起的吗？我们要了解自己的肌肤，更要了解起痘痘的原因。知道了病因，才能知道如何去解救我们的肌肤，一起来对自己的痘痘肌肤做个全面检查吧。

（一）皮肤性格自测找痘源

肌肤到了一定年龄就会特别的活跃，到底是为了什么让我们原本洁净的面庞变得坑坑洼洼，长满了痤疮和粉刺。我们只有找到自己真正起痘痘的原因，才能治本又治标。对自己的肌肤进行全面大检查，看看到底是什么破坏了我们的皮肤。

痘源一：遗传

天生的因素是最难改变的，很多起痘的MM都十分苦恼，为什么用尽办法还是不能让痘痘停止生长，如果是遗传因素，那么彻底改变会很困难。如果你天生就是一张爱出油的脸，毛孔粗大，一直都是这样，那么这痘源很可能就是最难解决的遗传因素。

解决办法：改变饮食习惯，做好控油补水的功课，让身体由内而外的清洁。

痘源二：内分泌

很多MM都会说自己起痘的原因是内分泌紊乱，但是到底是不是这个原因，还是建议大家去医院检查一下，或者请老中医大夫给把把脉。如果真的是内分泌导致的长痘痘，那可要好好调养了，因为内分泌不仅仅会导致痘痘不停的生长，还会影响我们其他身体机能的正常运行。

解决办法：可以喝中药调养，或者从饮食作息上进行调整，慢慢的就会有效果，不仅痘痘会消失，身体也会十分清爽。

痘源三：生理期

女生的MM特别注意了，很多女孩子都是平时脸上十分的光滑，但是每次生理期前期，脸上就会冒出几个红点点，生理期过了也就瘪下去了。但是还是十分的恼人，如果没有这几天，面庞不就可以始终光洁了吗。

解决办法：调理生理期的作息，注意休息，少吃凉性的食物。可以用一些消炎镇定的产品，这样可以防止更大面积的扩散。

痘源四：睡眠不足

睡眠对于爱美的MM真的是不能忽视的一件事，很多时候，熬夜、失眠等等都会让肌肤变得粗糙暗黄，痘痘丛生。因为新陈代谢不规律，尤其是额头的部分，脸色也很难看，这些都是因为不规律的睡眠导致的，身体需要休息，肌肤也需要休息，这样才能有健康的身体和皮肤。

解决办法：每天争取尽早睡觉，保证8小时的充足睡眠，规律作息。这样肌肤慢慢就会由黄变红润，看上去也有了生机。

痘源五：饮食刺激

很多MM都是喜好美食的，但是一些很好吃的刺激性食物却给皮肤带来了很大的危害。麻辣火锅、咖啡、烧烤、涮肉等等，一些麻辣、冰、热等东西确实会刺激皮肤，让痘痘爬上面颊。

解决办法： 无论多好吃的东东，如果对肌肤有害，特别是不适合你的体质还是要尽量克制的，多吃清淡的食物，对肠胃和皮肤都有益处，尤其是要远离烟、酒这些皮肤杀手。

痘源六：便秘

无论是上班还是上学，很多MM几乎一天都坐在椅子上，运动量少，身体机能运动也缓慢，这样会导致排便不顺畅，以至于嘴部周围起很多小痘痘，毒气留在身体里，自然会反映在脸上，保持体内的清洁是十分重要的一件事情。

解决办法： 每天清晨喝一杯蜂蜜水，可以很好的润肠，保持每天规律的新陈代谢。在饮食上也要保持多吃粗纤维的蔬菜水果，长期下来痘痘会有所改善。

痘源七：角质层厚重

许多皮肤干燥的MM也有困扰：为什么我皮肤这么干还是会长痘痘呢。答案很有可能就是你的肌肤角质层厚重，所以导致滋润的护肤产品无法很好的吸收，肌肤脱皮的同时由于水油不平衡起痘痘。所以一定要保持肌肤清洁，呼吸通畅。

解决办法： 定期做一些去角质的工作，保持肌肤清洁水润，早晚认真洗脸，如果使用防晒产品，就一定要使用卸妆油，让肌肤彻底清洁，抑制痘痘生长。

痘源八：化妆

爱美的MM化妆是经常事，但是如果卸妆没有卸干净可就惨了，发际，眉心，还有鼻翼两侧都是容易起痘痘的地方，如果懒惰晚上没有卸妆就睡觉很有可能造成肌肤不能呼吸，化妆品加剧对肌肤的损害。所以，大家一定要认真的卸妆，认真的洁面。

解决办法： 只要化妆，回家后的第一件事情一定是卸妆，然后认真清洁面部。可以用棉球蘸爽肤水继续擦拭脸颊，以及不易清洗的地方。定期给自己做一款清洁型的面膜，以达到面部的彻底清洁，不给痘痘任何生长空间。

（二）我的痘痘指数

你的脸上也许只有几个痘痘，你的脸上也许满是痘痘，有的只是小粉刺，有的却是大脓包，到底怎么才能让肌肤完美无瑕，先要知道自己的痘痘是什么类型。我们的护肤宗旨就是因地制宜，选择正确的解决办法，然后将痘痘一举扫光。

指数一：普通痘痘

这一类型的痘痘不属于炎症类型的痘痘，只是会有一些白头粉刺也就是闭口粉刺，或者黑头粉刺。由于肌肤产生的油脂和空气混合，导致肌肤代谢慢，形成的毛孔中的聚集物，堵塞毛囊，就会产生这种粉刺。如果你是这一类型的痘痘，或者粉刺，还是比较好对付的，属于初级的阶段，只要加强去角质环节，做好肌肤的清洁工作，让皮肤透气，就可以解决。

指数二：炎症痘痘

如果你脸上的痘痘是红肿的脓包，或者结节囊肿之类的，说明你的痘痘问题有些严重了，痘痘发炎感染，并且有白色的脓包，这种现象就是因为非炎症的时候肌肤没有很好的清洁让肌肤呼吸，导致细菌的滋生，从而产生这些浓物。这些炎症类型的痘痘不仅会让肌肤有肿痛感，而且整个脸部都是红红的坑洼，如果处理不好，就会留下疤痕。所以一定要做好清洁消炎的工作，让肌肤快速的恢复。

指数三：严重痘痘

如果你有各种类型的痘痘，那么千万要注意了，这种混合型的痘痘是最严重的。这种痤疮会让肌肤留下难看并且难以消去的疤痕。如果你是这种严重的痘痘患者，最好是去医院看看医生，开一些内外调理的药。通常这种痘痘的患者，下巴，脸颊都会不停的起红肿的脓包，肌肤的其他地方也会有各种白头和黑头。肌肤非常敏感而且油多水少。所以，肌肤的重点保护工程就是控油补水，不要用刺激性太强的产品，多用一些消炎效果好的药妆产品，让肌肤镇定的同时健康的代谢。

无论你是哪种类型的痘痘肌肤。只要是有痘痘的MM就一定不能让紫外线过度的侵害，否则会留下难看的痘印严重的会留下无法恢复的痘疤。所以大家一定要根据自己的痘痘情况做好战痘准备。

FIVE MINUTES LESSONS

Be Educated! Study Time

5分钟之 祛痘技巧私塾

如何将脸上恼人的痘痘去掉，如何将痘痘去掉后的疤痕和印子也一同消灭掉，这个私塾会告知大家很多实用又简单的方法，只要坚持，不仅能让你的痘痘不见踪影，还可以重现昔日的光滑美肌。和痘痘作战其实并不可怕，关键在于你是否有一颗爱美的心。

(一)不同痘痘的解决方法

痘痘的起因我们分析过，有很多的因素都可以导致痘痘的形成，长在不同地方的痘痘也有不同的原因和解决办法。无论是何种类型的痘痘，我们的目标只有一个，就是将其铲除。脸上很多痘痘的形成都反映了你的内脏器官的许多问题，代表着身体的状态，不单单的皮肤表层的问题，所以，我们针对目前发现的几种痘痘，有如下治标又治本的解决方案。

痘痘一：眉心痘

眉心中间印堂的部分如果长痘痘的话，说明MM的心脏可能出现了些状况。可以回想一下自己近来是不是会有心悸，胸闷等症状发生。

解决办法：远离烟酒这类刺激性东西。尽量少喝咖啡，因为咖啡会让心脏兴奋，如果是心脏出现的问题，最好还是谨慎不碰咖啡，辛辣这种食物。更不要做剧烈运动，让专家诊断一下最为保险。

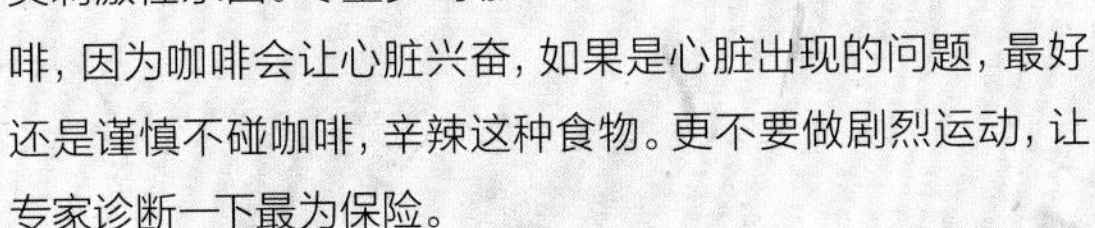

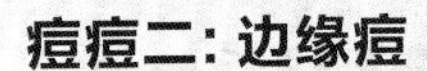

痘痘二：边缘痘

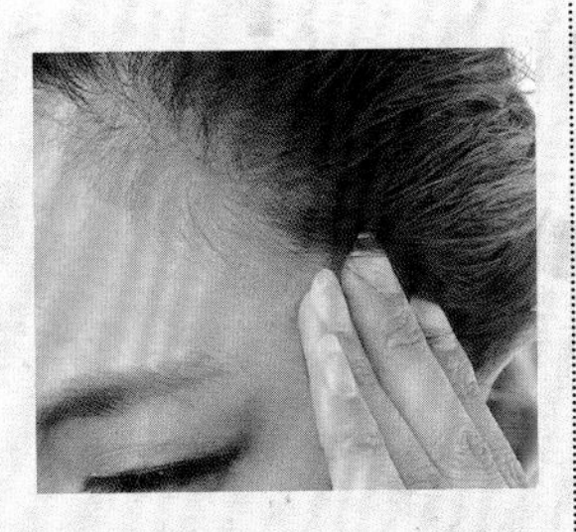

这一类痘痘通常生长在发际边缘，耳边等等靠近头发的地方。起痘痘是因为卸妆的时候没有卸干净或者洗脸的时候没有洗到这些部位，导致毛孔堵塞，角质层太厚进而形成痘痘。

解决办法：洗脸的时候尽量将头发像后梳起，把面部完整干净的露在外面，注意细节地方的清洁，可以定期做个去角质，尤其是把发际线的部分好好清洗，这样坚持做几次，边缘的痘痘就会有所改善。

痘痘三：额头痘

如果你的前额上总是有痘痘出现，可能是两种原因导致的，一种就是你有一个很漂亮的刘海，导致额头的肌肤不能正常呼吸，而且发梢也不是很清洁，时间久了就会有痘痘长出。还有一个原因就是由于睡眠不充足，昼夜不规律，长时间熬夜等，让肝脏积累的很多的毒素而导致的。

解决办法：试着将前额露出来，让肌肤畅快的呼吸。保证自己充足的睡眠，尤其是10-12点的美容觉，是最最重要的，多喝水，让自己尽量保持放松状态，减少发脾气等不益于肝脏的行为，额头的痘痘就会消失。

痘痘四：鼻周痘

有没有发现自己的鼻头和鼻翼周围总是会起痘痘，而且，这种痘痘都是又红又肿，在三角区域还不能挤碰，否则十分疼痛。鼻子和周围长痘痘，说明你的胃口不是很好，生理期也不是很规律，要注意调节自己的身体了。

解决办法：一定要控制住自己不吃辛辣、冰凉的食物。无论是对胃口还是其他生理机能都是十分有害的。要少吃油大的肉类，多吃水果蔬菜，让胃口没有过多的负担，调整消化系统，这样才能抑制鼻周痘的生长。

痘痘五：唇周痘

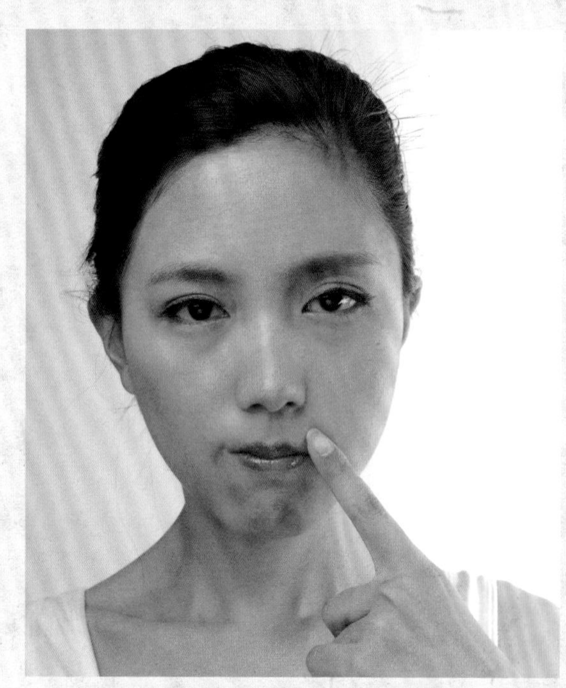

嘴唇的周围以及下巴上也是非常容易生痘痘的地方，红红的痘痘会由于刺激般的过敏一片片的起。这种情况说明你的肠道不是很通畅。或者说，肠热。辛辣、油炸的食品吃多了会导致体内毒素堆积在肠道，进而反映在唇周围的皮肤上。

解决办法：可以多吃一些酸奶等含有丰富乳酸菌的食物，让肠道顺畅。配合一些有氧的运动，或者腹部的按摩，让身体排出毒素，轻松清爽，唇边的痘痘自然消失不见了。

痘痘六：面颊痘

脸颊两侧或者是腮边都是痘痘经常出没的地方。这些地方如果有痘痘的话，说明你体内非常的燥热，肝肺功能都存在一定的问题。少接触刺激类的食物，以及海鲜芒果等容易过敏的食物。注意休息以及自己的心情，把自己的身体和情绪都调整到最佳的状态，恬淡有活力。

解决办法：搭配一些镇定肌肤、消炎抗过敏的护肤产品，让肌肤冷却下来，调理日常的饮食以及作息，有条件的话可以喝一些中药调节一下身体会更有效果。

痘痘七：奇怪痘

有的痘痘的生长位置很奇怪，可能会出现在太阳穴等位置上，这可能是你给你的胆过多的负担，导致太阳穴以及周边的肌肤长痘痘。说明你最近的饮食过于油腻，胆汁分泌供给不上导致的。

解决办法：少吃油腻食品，可以适当的调整，多吃一些苦瓜、丝瓜、黄瓜之类的瓜类。见效快的方法就是连续一周每天喝一杯苦瓜汁，一定可以清理肠胃，去除痘痘。

（二）控油补水妙招

除去外在原因以及身体内部的原因，改善痘痘的好办法就是让肌肤达到水油平衡，可是大部分起痘痘的MM几乎都是油性肌肤，所以，控油补水在此时就非常的关键了，既要抑制皮肤中的油脂分泌，又要把充足的水分补充到肌肤中去，但是，千万不能继续使用油性的产品，否则会让肌肤起更多的痘痘。

妙招一：清爽洁面

对于控油来说，洁面是非常重要的，把油脂通通清洗干净，不仅让肌肤透透气，更重要的是洗去难看的油光。让面孔看上去清洁清爽。洁面不单单是用洗面奶洗脸，用一些去角质或者深层去油的清洁型面膜，比如一些海藻泥，火山泥的面膜，都有很好的去油效果。把握好清洁这一关，就是做好了控油这一关。

妙招二：补水面膜

很多面膜都是单纯的补水面膜，或者可以自己DIY一些纯补水面膜。在洗去油光之后，为自己贴上一贴补水的深层保湿面膜，让肌肤少一些油脂，多一份水润。强力补水的作用就是为了平衡油脂。尤其是补水效果好的睡眠面膜，让肌肤一整晚都保持水润的状态而不是油腻腻的感觉，痘痘自然会抑制住。

妙招三：喷雾

喷雾对于缺水的肌肤来说是十分必要的武器。不仅让肌肤随时可以保持水分，还能带走油光。无论是炎炎的夏季还是干燥的春秋季节，随身携带喷雾，然后将水分拍打进面部，油光立刻就不见了，水润的状态维持在脸上。定时控油又补水，简单又方便，一瓶有效地保湿喷雾是MM的贴身好装备。

妙招四：控油补水面面观

除了清洁，定期去角质，做面膜，保湿，等等工序以外，多吃清淡食物，多做运动也是很关键的。让身体和肌肤一起有规律的新陈代谢，痘痘就不会再烦恼你了。如果最近油光比较严重的话，可以用蛋清、黄瓜等为自己做一款紧致型的面膜，也会有效地收缩毛孔，让肌肤不油腻，感觉平滑。

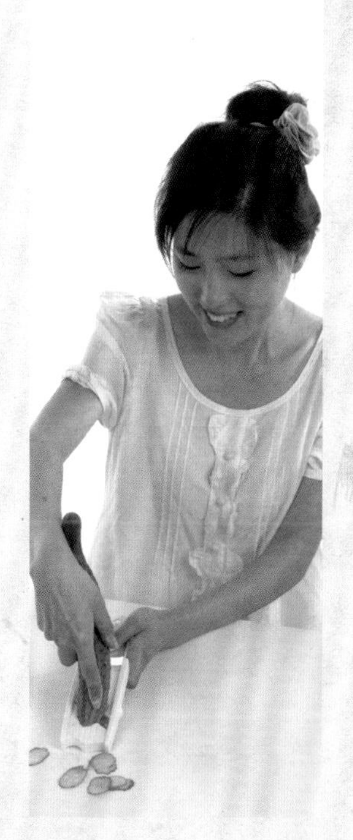

(三)战痘小词典

MM们在与痘痘作战的时候，会出现很多关键词，这次词汇是非常有效的祛痘产品成分，但是大家还是搞不懂这些成分到底有什么作用，战痘小词典就是想要告诉大家，这次战痘的必备词汇到底有多么的重要，到底能有多有效地祛痘。

词汇一：芦荟胶

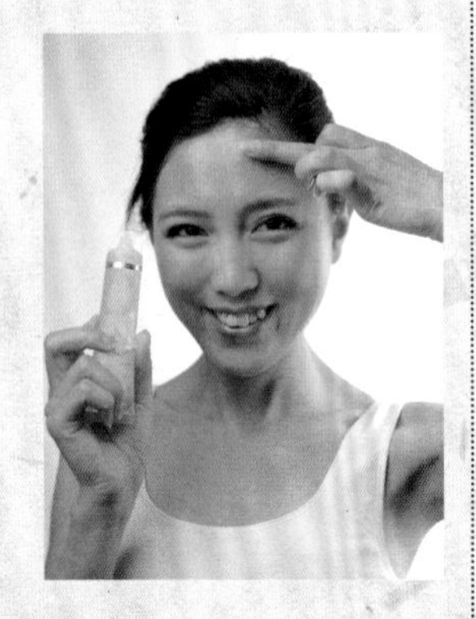

芦荟，大家都听说过，可以用来做面膜护肤等等，但是它的生成品芦荟胶功效却是十分的惊人。芦荟胶不仅可以镇定肌肤，缓解肌肤的不适，如疼痛、肿胀、泛红等等，还能有效地抑制痘痘的生长。但是，单纯的想要靠芦荟胶完全消灭痘痘及痘印是不可能的，你可以长期使用，让肌肤慢慢的不再起痘，并且恢复肌肤的光滑。芦荟胶的镇定效果是非常好的，天然不油腻，涂抹以后肌肤就不似以前那么瘙痒不舒服，所以，它也是战痘的关键词之一。

词汇二：撒隆巴斯

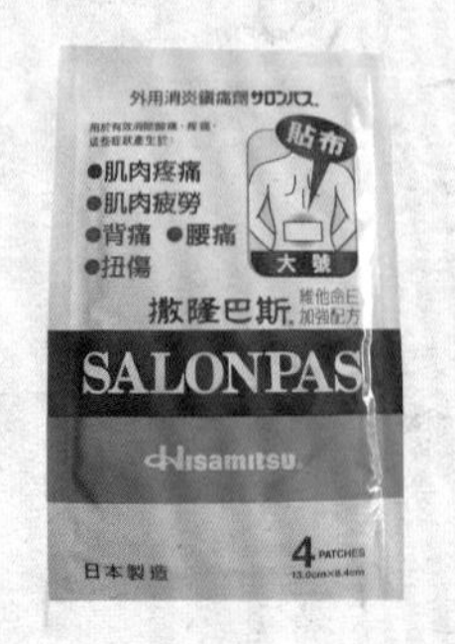

自从大s提出将与痘痘大小的撒隆巴斯贴在痘痘上可以非常有效地祛痘之后，很多MM便纷纷效仿，但是似乎这种方法并不适合每个人使用。所以MM们还是主要注意要根据自己的肌肤选择有效的方法。撒隆巴斯是一种镇定缓解疼痛的药膏，其内含有的薄荷成分或多或少能让痘痘冷静下来，按下去不再疼痛，但是，撒隆巴斯不能消炎，也不透气，还会引起肌肤的过敏，所以，大家还是在医生或者科学的方法下进行战痘工作，让痘痘彻底安全的消失。

词汇三：茶树精油

在所有战痘单品中，最最不可少的，就要属茶树精油这一成分了。所有高档的祛痘产品都会含有茶树这个词汇。因为茶树精油不仅可以消炎，镇痛，它含有丰富的抗生素，可以消炎，杀菌促进肌肤结痂等等，对于太阳的晒伤、灼伤也同样有疗效。但是，由于是纯植物提取，不能直接涂抹在肌肤上，一定要稀释了用棉签沾着涂抹在痘痘上，效果非常的惊人。还可以用茶树精油的成分为自己制作面膜等等，但是一定要选择信得过的品牌，如果精油不够保真一样还是没有效果。

词汇四：维生素E凝胶

很多MM都听说维生素E有不错的祛痘效果，于是纷纷开始胡乱涂抹。在这里我们首先要更正一下，这里说到的维生素凝胶跟普通口服的维生素E胶囊是有很大区别的。普通维生素E胶囊比较适宜用来口服以达到以内养外的美容养颜功效，但其油性分子结构比较大，直接涂抹于面部很容易造成毛孔堵塞，反而加重肌肤负担让痘痘的情况加重，甚至感染，对皮肤造成严重后果，所以是不建议使用的。但是维生素E凝胶却不同，性状成凝胶状，非常易于涂抹和吸收，是非常得力的祛痘小帮手。但在痘痘发炎的情况下也应该停止使用，使用前还要记得做好彻底地清洁工作。

（四）焦点祛痘

对于脸上的痘痘，我们除了内部调节身体的各项机能以外，还有很多方法可以特别针对痘痘来使用。我们将焦点缩到最小，就是那些红红肿肿的讨厌痘，我们要想尽一切办法将他们解决消灭掉，鼓起来的瘪下去，红红的消失了，疼痛不适感统统不见踪影，只要通过科学的方法，就一定能实现。

焦点祛痘秘籍一：科学的挤破

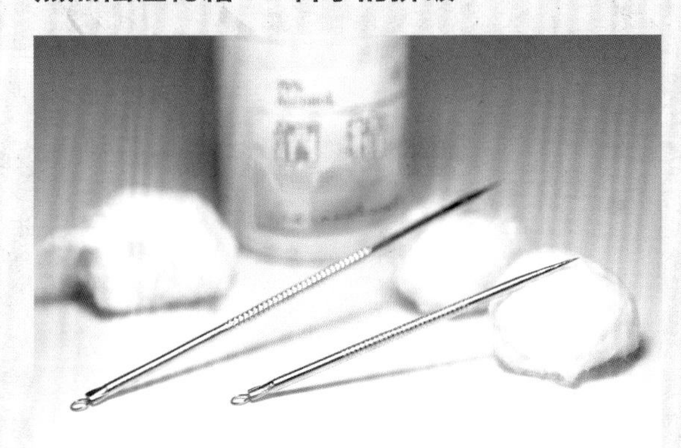

很多人都说，痘痘是不能挤破的，其实，要掌握好时机和方法，把成熟的痘痘挤掉是快速消灭痘痘的好方法。但是一定要注意细节和要领：

（1）观察痘痘是否已经变白，有脓头，然后热敷一下。

（2）准备粉刺针在酒精里认真的消毒。

（3）在痘痘上扎个洞，然后滚动着挤出痘痘中的浓血，要完全干净为止。

（4）涂抹上抗生素凝胶，或者维生素E凝胶等等。

美肌Tips:

挤痘之前，自己的手一定要清洗干净，否则细菌会更加的伤害皮肤，让伤口感染。所有的工具，挤痘痘的针以及棉棒，都要经过高温或者酒精消毒，这样才能达到最好的清洁。注意，一定要将痘痘及周围的血水，脓水痘挤干净，这样才不容易感染留疤。

焦点祛痘秘籍二：神奇的茶树精油

痘痘丛生，怎样才能快速的镇定消退他们呢，还有一种方法很简单，就是茶树精油。如果你的痘痘又大又肿，可以试试这种方法：

（1）准备几片干净的化妆棉，剪成和痘痘大小差不多的块，准备一会儿使用。

（2）准备一瓶上好的茶树精油，注意一定要成分单纯。

（3）将精油滴一点点在小棉片上，然后敷在痘痘处。

（4）睡一夜即可。

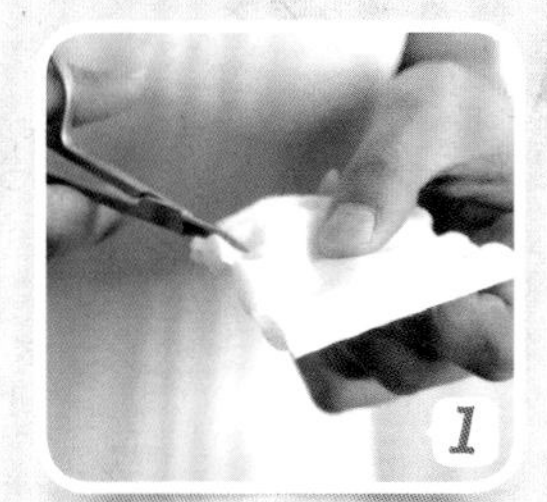

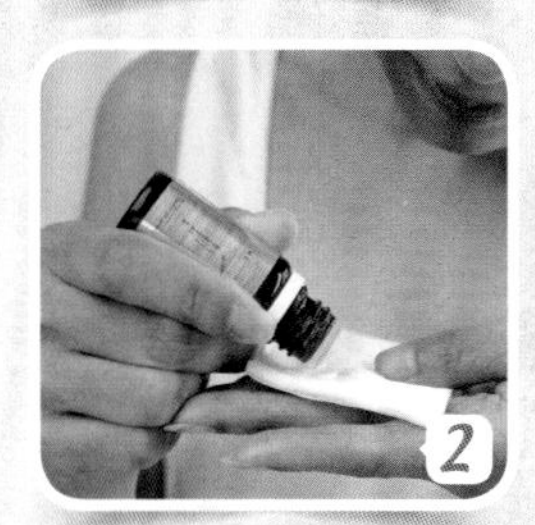

美肌Tips:

晚上是肌肤的休息和更新时间，一定要利用好这一夜的睡眠改善肌肤。这种方法会让痘痘一夜消肿，甚至消失，非常的管用，但是MM们要注意，其他地方万万不可用精油直接涂抹，否则反而会伤害了肌肤。茶树精油是非常好的祛痘单品，这种使用方法是针对红肿的大痘痘非常有效的简便方法。

焦点祛痘秘籍三：完美遮瑕

最近脸上有痘痘，各种PARTY活动却不见减少，怎么办？没关系，现在有很多专门给痘痘肌肤使用的遮瑕膏，这些遮瑕膏可以帮助你快速解决痘痘脸不好上妆的烦恼。

（1）先将面部清洁，然后将痘痘消炎、依法挤破。

（2）在患处涂上维生素E。

（3）等痘痘吸收好药剂后，再用遮瑕膏轻轻的遮盖。

（4）在进行后面的上妆工作。

美肌Tips:

建议MM们在长痘痘期间最好减少化妆的次数，毕竟会给肌肤带来很大的压力，如果一定要化妆的话，最好使用含有茶树，芦荟等成分的遮瑕膏打底，这样会给痘痘带来镇定消炎等效果的同时也不影响完美的妆容。

焦点祛痘秘籍四：内外兼治

对于内外一起对抗痘痘来说，没有什么比中草药效果更明显，对身体更安全的了。一些化学的产品和药物虽然能短暂的让痘痘停止生长，但是却对身体有很大损害，容易破坏身体里的内分泌系统。

（1）准备适量的益母草，内外均可使用。

（2）将益母草洗干净，沥干、切碎、晒干、研成粉末备用。

（3）将益母草的粉末和黄瓜汁以及蜂蜜混合，均匀涂在脸上，等面膜干了以后洗去，可以很好的去痘痘。

（4）用益母草煮粥，加红糖，也可以起到清除内火，去痘痘的功效。

美肌Tips:

很多朋友脸上的痤疮十分严重，建议用中医的方法调理一下，内外去毒，更有效果，益母草可以内外使用，对于痘痘有很好的抑制效果，但更应该听一听医生的建议，如果不适合自己的身体要及时停止使用。

如今科技发达，还有很多祛痘的方法快捷又有效果，不过都要在医院进行，比如果酸换肤，超声波导入以及动力蓝光等等十分先进的科学方法，都可以让我们的脸上迅速恢复光洁无瑕。但是，我们在这里提倡更科学，安全健康的内外调理，用一些天然的成分辅助肌肤恢复，这样不仅经济，更能让身体自身提高修复能力，坚持就会有成效。

（五）焦点去痘印

恼人的痘痘不见了，但是，红红的印子却还留在脸上，时间久了，就会出现褐色的斑，既难看，又加速了皮肤的衰老。祛痘后很重要的一件事情，就是去痘印，痘印没了，肌肤才是真正的光滑无瑕，所以为了不给肌肤留下遗憾，我们要将祛痘印工作完美完成。

1. 祛痘秘籍

焦点祛痘印秘籍一：巧用珍珠粉

珍珠粉的美白功效大家都知道，祛痘印不仅是让肌肤变白，更要很好的收缩毛孔，所以，用鸡蛋清与珍珠粉混合，搅拌均匀涂抹在脸上，15-20分钟后用清水洗净即可。

美肌Tips:

一周使用两次这种方法，慢慢的痘印就会消失，肌肤的毛孔也会更加的细致，注意一定要避开眼周，最好涂得厚一些，不然很快就会干掉，珍珠粉和蛋清有很好的镇定作用，也会让肌肤越来越细滑。

焦点祛痘印秘籍二：白糖水

每天洁面后，用温水搅拌开白糖，制成少量的白糖水，然后用棉签蘸着白糖水涂抹在痘印上，坚持一阵子，痘印就会慢慢消失。最好是晚上使用这种方法，可以睡一觉，清晨再清洗一下，用上其他美白产品，会更有效果。

美肌Tips:

这种方法非常的有效果，不会引起肌肤的过敏，坚持一段时间就会有显著的改变，而且方法简单，好操作。

焦点祛痘印秘籍三：淘米水

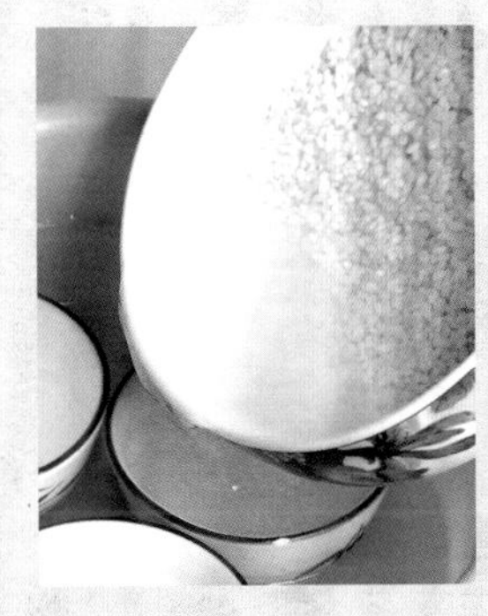

淘米水里含有很多对肌肤有益的成分，经常使用淘米水洗脸，会让肌肤细腻，光洁，脸上的痘印也会慢慢消失，只要每次淘米的时候，把水倒在另一个盆子里，然后洗脸，就可以了。但是注意，千万不能储存使用，要用当天的，因为淘米水很容易变质。

美肌Tips:

淘米水洗脸简单又有效果，坚持一个月，肌肤就会有明显的改善，淘米水中含有丰富的维生素，蛋白质以及淀粉，可以去除面部的油脂还不会刺激皮肤，就算你是敏感性的肌肤，也不用害怕，因为淘米水性质温和没有任何的副作用，而且非常适合痘痘型肌肤。

焦点祛痘印秘籍四：美白精华

对于焦点美白，精华素也是上佳的选择，它独特的密集美白功效，会让淡化肌肤的黑色素，快速有效。所以，选择一款自己适合或者标明有祛痘印效果的精华素。早晚使用，祛痘印的效果会很快见效。

美肌Tips:

很多美白精华都有惊人的祛痘印功效，配合肌肤28天的代谢周期会更加明显，但是，有的美白精华只能晚上使用，所以要特别注意。在白天的时候也千万不要忘了最重要的工作——防晒，一定要严防紫外线过度对肌肤的侵害，防止痘印转变成难看的痘斑。

焦点祛痘秘籍五：牛奶妙用

将喝剩下的一小口牛奶放进冰箱里，凉了之后拿出来，放入一小片面膜纸，然后敷在痘痘印上，15分钟后取下来清洗干净。

美肌Tips:

使用这种方法的时候最好选择脱脂牛奶，否则容易起脂肪粒，牛奶在夏天的时候可以放冰箱里，冬天的时候可以温一下，牛奶的美白成分可以有效的减少痘印对皮肤的影响，还可以滋润肌肤。

2. 焦点祛痘印单品攻略

口碑推荐一：兰芝雪凝新生精华露

推荐理由：这款新生精华露对于肌肤的代谢有非常好的功效，使用一周就能见到效果，质地非常好吸收，对于沉积的黑色素暗哑有提亮的作用，防止痘印形成色斑。

口碑推荐二：DHC抗痘美白精华液

推荐理由：这款凝露质地的美白精华液具有很好的抗痘功效，在预防痘痘的同时还能对抗色素沉淀带来的痘印，导出干净明亮的肌肤，针对效果很好，非常适合痘痘肌肤使用。

口碑推荐三：The body shop 茶树精油

推荐理由：作为祛痘印的单品，此款茶树精油也是必不可少的，不仅可以消炎抗菌、祛痘、还可以祛痘印，成分温和，蘸在棉签上即可使用，所以，是痘痘肌肤MM的战痘必备单品。

想要去除痘印，除了密集的美白，祛印工作以外，做好面部的清洁也非常重要，不然痘痘更会加速滋生。定期的去角质，不吃油腻的食品也很重要，千万不要以为痘痘不长了就是胜利，将难看的痘印去除，才是我们最终的目的。

（六）焦点去痘疤

痘痘消失的时候，如果情况好的话留下的是痘印，但是如果是非常严重的痤疮性肌肤，那么留下的就是难看的疤痕，肌肤凹凸不平，坑坑洼洼，这些已经形成的痘疤是很难完全消失掉的。但是，如今医疗美容手段先进又科学，如果你的痘疤已经不能DIY去掉的话，可以考虑去正规的医院治疗，迅速有效的恢复肌肤状态，重现完美无瑕。

高科技推荐一：镭射皮肤更新术

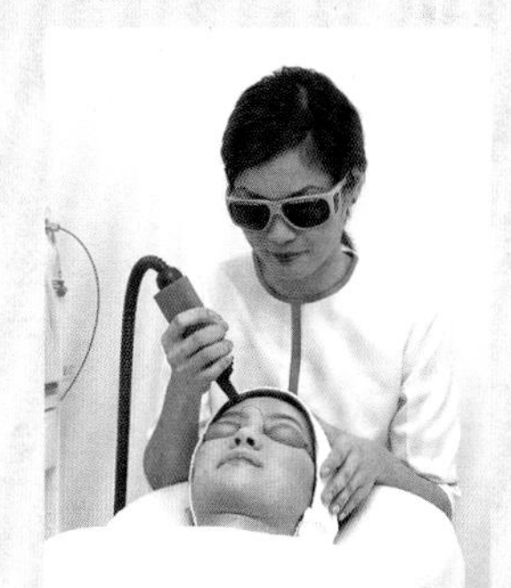

镭射其实就是激光，利用高能量的光束打进肌肤的不同层面，通过破坏细小的细胞，从而解决各种肌肤问题。镭射光疗方法和手段多种多样，可以根据自己要解决的问题选择不同的镭射种类。想要祛痘疤，就选择镭射磨皮，可以改善毛孔粗大，皮肤凹凸不平等问题，让肌肤重新变得平滑如初。

高科技推荐二：脉冲光

脉冲光是可以刺激胶原蛋白的生长，通过刺激细胞增生达到平复肌肤的作用，利用脉冲光祛痘疤，不仅可以使凹洞变得和其他肌肤一样平滑，还可以让红斑等痘印消失。另外，脉冲光非常快速简便，没有伤口，也不用特殊的护理，照常上学上班，非常适合繁忙的姐妹们做快速的肌肤调理，改善痘痕。

高科技推荐三：胶原蛋白注射

为了改善毛孔粗大，还有痘疤凹洞等肌肤问题，除了基本的调理，通常大家会选择口服胶原蛋白其实胶原蛋白还可以用来注射，这样会使凹陷的肌肤隆起并与整体肌肤相平，还可以让肌肤恢复细胞活力，从里到外的达到美白滋润等效果，让肤色更加均匀、透白，不过这种方法不能持久，如果想要保持效果，必须要进行定期的注射。

高科技推荐四：钻石微雕

钻石微雕是针对痤疮性肌肤非常好的换肤疗法，通过一种浅层的物理性治疗，彻底去除死皮细胞，让肌肤更加通透，从此促进新细胞的更新，让肌肤恢复光滑无暇，同时还能改善色斑细滑粗大的毛孔。钻石微雕主要对改善肌肤纹理有很好的效果，甚至可以用在整个身体的肌肤调理，促进血液循环等等上。

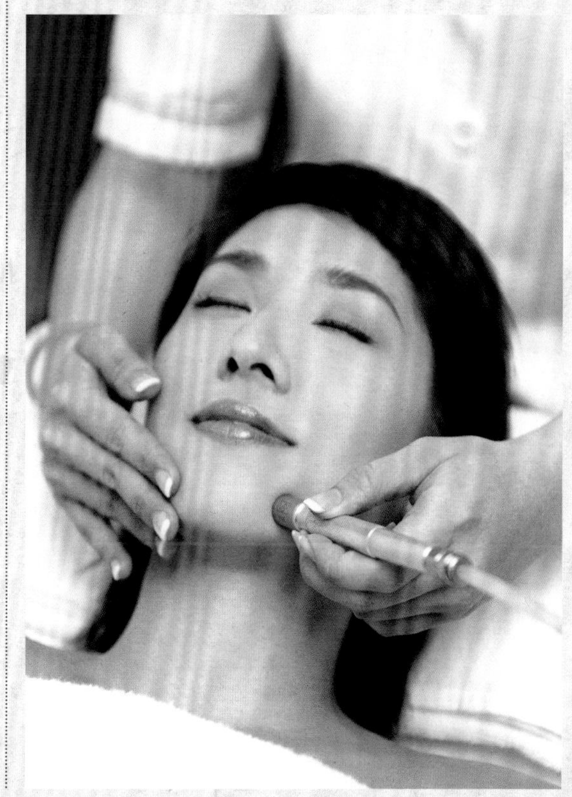

5分钟之

祛痘美食私房菜

护肤一向都是一件全方位的事情，只注重了外疗而不注意内调是非常不明智的。痘从口入并不是骇人听闻，如果饮食上不好好把握选择，会让痘痘更加的繁密，甚至会导致感染留下疤痕。长痘痘的时候哪些食物要注意，哪些食物是对清除内火有很好帮助的，我们都要明明白白地选择。接下来我就为大家精选一些针对痘类肌肤的美食宝典。

(一)无痘美女食谱

痘痘脸是无数美女的噩梦，但是想要让痘痘消下去，把握饮食的关键也很重要，为自己制作几款清内火，调理肌肤状态的食品，不仅能够满足味蕾的需求，还能改善肌肤，由内而外的协助治疗痘痘，效果会来的更快更有效。

无痘美女食谱推荐一：
自制清火水晶糕

{材料}：

牛奶150毫克，冰糖250克，香蕉6只，琼脂15克，山楂糕适量。

{制作}：

○1将香蕉去皮，切成薄片。

○2把琼脂用水泡软。

○3将琼脂放入适量沸水中，慢慢熬煮20分钟，放入准备好的香蕉，牛奶，冰糖等。

○4水再次沸腾后关火，放一旁冷却之后放入冰箱冷冻。

○5凝结后便可，食用时切成小块，搭配山楂糕，更可口。

美肌Tips:

这款自制的小吃，可以润肠消食，还能清热补虚，非常适合夏季食用，酸甜可口，还能从内抑制痘痘，是一款无痘美女必备的清凉小吃。

无痘美女食谱推荐二：
南瓜百合甜汤

{材料}：

南瓜500克，鲜百合1个，冰糖、牛奶各适量。

{制作}：

○1首先把百合掰开洗净，接着把南瓜去皮、去籽后洗净，切成块，放在盘中备用。

○2国内放水煮沸后，放入切好的南瓜块，大火烧开后转小火。

○3当煮至南瓜块熟透变软时，加入洗好的百合、牛奶煮至百合熟软。

○4加入冰糖调味，搅拌均匀后再煮2分钟左右即可盛碗食用。

美肌Tips:

MM们可以一边喝汤一边吃南瓜，甜中又充满南瓜香，非常可口，南瓜能够促进新陈代谢和肠胃功能，清除体内的有害物质，还能提高皮肤的抵抗力，减少发痘痘的可能性。

无痘美女食谱推荐三：
万能特饮

{材料}：

芹菜、黄瓜、苦瓜、甜橙、菠萝、梨、蜂蜜各适量。

{制作}：

○1将芹菜、黄瓜洗净切块；菠萝去皮洗净切块；苦瓜、甜橙、梨去籽，切成小块。

○2将处理好的蔬果块放入搅拌机打成汁。

○3调入蜂蜜调匀即可饮用。

美肌Tips:

这款蔬菜水果汁，之所以成为万能特饮，是因为它除了具备清热解毒，消炎杀菌等功效，还能促进肠道消化，有减肥的作用，如果夏季放在冰箱冷冻一下就更加美味可口。对肌肤补充多种维生素，有很好的效果。

介绍完甜品，接下要为大家推荐几款美容祛痘的粥品，和甜品的功效一样，这几款粥的作用也是帮助大家清理体内的毒素，提高肌肤的免疫力，关键还要可口美味。

无痘美女食谱推荐四：

芹香山楂粥

{材料}：

山楂10g，粳米60g，香芹杆少许。

{制作}：

○1香芹杆洗净后切末。

○2将山楂、粳米淘洗干净，放入水中炖煮至开花米粥。

○3撒入香芹杆，搅匀关火即可。

美肌Tips:

这款芹香山楂粥最好一天喝一次，坚持一个月为一个周期，不仅能够清肺去火，对痤疮等肌肤问题还有很好的改善作用。火特别重的MM还可以加入少许荷叶或者绿豆。

无痘美女食谱推荐五：

薏仁甜橘粥

{材料}：

薏米100克，橘子1个，白糖、糖桂花各适量。

{制作}：

○1橘子剥皮，掰成瓣，用刀把薄皮除去，切成小丁备用。

○2薏米用清水淘洗干净，放在清水中浸泡2小时后，捞出沥干水分。

○3把泡好的薏米放入锅中，加入适量的清水，用大火煮开后，改为小火继续熬煮，直至薏米熟烂。

○4放入白糖、糖桂花、橘块，搅匀后即可关火食用。

美肌Tips:

薏仁是非常好的去肿去湿的佳品，如果脸上有鼓起的痘痘，可以每天都喝这款粥，坚持一个星期，坚硬的痘痘就会慢慢变软，还有消炎的作用，如果坚持喝，对身体也有好处，并兼有抗癌的作用。

无痘美女食谱推荐六：

去火苦瓜粥

{材料}：

粳米100克，苦瓜100克，盐适量。

{制作}：

○1粳米淘洗干净，放在清水中浸泡1小时，捞出沥干水分。

○2苦瓜去蒂、去瓤后洗净，放在清水中浸泡片刻，捞出切成丁，放在盘中备用。

○3把浸泡好的粳米放入锅中，加入适量的清水，用大火烧沸后改为小火，放入切好的苦瓜丁熬煮。

○4煮至米烂粥稠、苦瓜熟软时，依据个人口味，加入适量的盐调味即可。

美肌Tips:

这款去火苦瓜粥有清热、去火的功效。苦瓜含丰富的维生素B1、维生素C及矿物质，长期食用，能保持精力旺盛，对治疗青春痘有很大益处。

想要保持肌肤的光洁，不长痘痘，饮食是非常重要的，因为吃下去的任何食物都有可能刺激你的肌肤，辛辣以及过于油腻的东西是千万要远离的，如果你的肌肤非常的敏感，那么海鲜等食品也要有选择性的涉猎，千万不要因为嘴馋，而让肌肤受到伤害。

(二)痘痘高发期的饮食调理秘籍

无论是青春期、痘痘高发期、还是女生特殊的时间段，脸上都是非常容易长痘痘的，除了空气，睡眠等客观原因，主要还是来自体内的因素会导致痘痘的形成，这个时候，饮食是非常关键的，什么该吃，什么不该吃，是让肌肤恢复光洁无瑕的关键因素，在痘痘高发期的时间段里，一定要分外注意。

痘痘高发期的饮食雷区

雷区一：辛辣

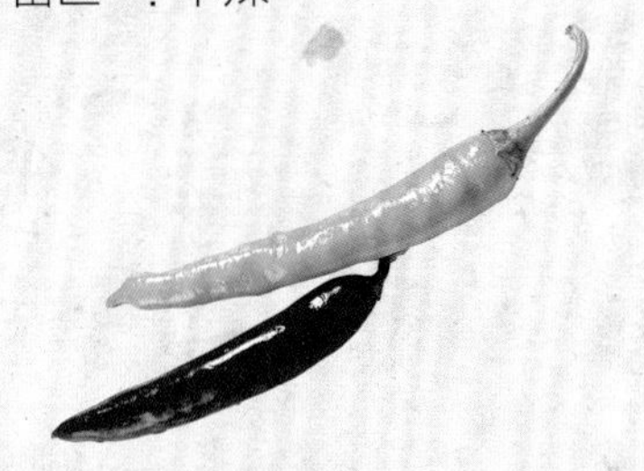

辛辣食品是伤害肌肤的主要杀手，尤其是长痘痘的MM，一定要控制自己不能吃辛辣食物，会刺激痘痘，还会引起不适等症状，让痘痘更加的通红，肿胀。对于肌肤很敏感，内火旺盛的MM来说，辛辣是绝对不能尝试的，一定会让你的肌肤更加痘痘丛生。

雷区二：海鲜

鱼、虾、蟹等海鲜食品食用也是要有一定的控制的，吃海鲜非常的容易过敏，而且容易引起严重的发炎等，如果痘痘都冒了出来，有的已经红肿或者被挤破，就千万不要吃这类食物，否则痘痘更加严重，甚至是引发病变。

雷区三：油炸及油腻

油炸和油腻的食物不仅仅是痘痘肌肤的大忌，也是健康身体的大忌，所有的油炸食品都应该杜绝，非常油腻的食物也不应该多吃，长痘痘的肌肤多数属于油性皮肤，多吃油炸食品会让肌肤分泌更多的油脂堵塞毛孔，加重痘痘的生长，薯片、糖、蛋糕等小零食也是痘痘皮肤的死敌，而且也会影响身材哦。

雷区四：深色食物

如果有痘痘，深色的食物也要少吃，会加深痘印的生成，咖啡，酱油都要减少摄取，黑色素在体内会形成色素

沉淀反应到肌肤上，痘印本来就很难消失，如果让过多的色素堆积在痘印上，就会容易形成色斑，所以痘痘高发期要吃的颜色淡一些的食物为最好。

雷区五：坚果

多数坚果类食品都含有很高的热量和油脂，吃多了不仅会上火，加重痘痘的增长，还会让本就长了痘痘的脸看上去更加的油腻，所以，痘MM们要少吃花生、松子、杏仁、开心果等坚果，保持肌肤的清爽，严格控制住饮食也是对抗痘痘的关键。

调理秘籍一：蜜姜汤

{材料}：

生姜1块，橘皮、蜂蜜、开水各适量。

{制作}：

○1将生姜清洗干净，切丝；橘皮洗净也切成丝。

○2把姜丝和橘皮丝放入容器中，用开水浸泡10分钟以上。

○3喝前加入些许蜂蜜调匀即可。

美肌Tips:

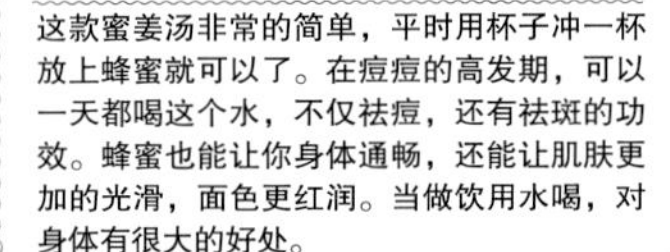

这款蜜姜汤非常的简单，平时用杯子冲一杯放上蜂蜜就可以了。在痘痘的高发期，可以一天都喝这个水，不仅祛痘，还有祛斑的功效。蜂蜜也能让你身体通畅，还能让肌肤更加的光滑，面色更红润。当做饮用水喝，对身体有很大的好处。

调理秘籍二：生菜沙拉

{材料}：

生菜400克，草莓200克，沙拉酱适量。

{制作}：

○1生菜叶择去坏叶、老根，用清水洗净后沥干水分，用手撕成大小适中的生菜片。

○2草莓去蒂后洗净，用刀把草莓从中间纵向一切为二，放在盘中备用。

○3将撕好的生菜叶和切好的草莓放入调盆种，加适量沙拉酱。

○4搅拌均匀后即可盛盘上桌。

美肌Tips:

生菜的含水量非常的高，可以为肌肤大大的补水，对痤疮也有一定的治疗作用，有痘痘的MM可以经常自己做一份当零食吃。

调理秘籍三：多功能木瓜

{材料}：

木瓜半个，姜10g，醋100ml。

{制作}：

○1将木瓜和姜都清洗干净，放入锅中，倒入陈醋。

○2大火煮沸后改中火慢慢熬煮至醋基本全部蒸发渗透，然后取出木瓜切条吃掉。

美肌Tips:

有的痘痘痤疮是因为体内脾胃痰温所导致的，这种吃木瓜的方法坚持一个星期会非常的有效，痘痘会渐渐消失，体内的内火也会得到很好的调节，虽然味道不是非常的可口但是功能却很强大，木瓜本来也是MM们美容养颜丰胸的好食品。一举多得，何乐而不为。

FIVE MINUTES LESSONS

Be Educated! Study Time

5分钟之 祛痘DIY学院

在战痘的征途上除了需要耐心、勇气和毅力之外，智慧也是不可缺少的重要武器。化学药品可以让痘痘在一夜之间失去踪影，却也容易影响整个身体循环的平衡，让痘痘祛了又长。好在我们拥有丰富而慷慨的大自然，能够随时让我们以最健康的方式为身体加油。只有平衡了身体内部各方的“矛盾”，才能让我们的机体有序而平稳的运转，痘痘这种“交通堵塞”的产物，自然也就会慢慢消失了。

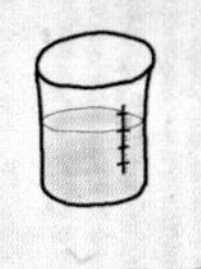

（一）DIY祛痘、镇定肌肤的天然面膜

某天早晨起床时对着镜子忽然发现脸上冒出了意外的红点点！？这样的早晨绝对是一场灾难。接下来，粉底遮瑕膏齐齐上阵，力图将这个不和谐的来客掩盖得天衣无缝。不过，欲盖弥彰可不是对待痘痘这个不受欢迎客人的好方法。肌肤突然冒痘原因很多，前一天晚上饮食过于油腻，卸妆不彻底，情绪焦躁以及天气变化都有可能是诱因，一味的掩盖只会让它变本加厉，最好的办法就是使用天然的方式进行急救和修复。

面膜是美眉们梳妆台上常备的美容法宝之一，它营养丰富、使用便捷，将浸透了满满精华液的即时美容疗程带回家中，花上15分钟就能轻松享受。我们用来对付痘痘的面膜主要有两种功能，第一种是承担“救火队员”职责的，马上要去Party？即将去见重要客户？一张急救型的面膜能够迅速帮你压制痘痘；而另一种则是当你结束了一天的工作回到家之后的“安抚队员”，通过长效的作用力为痘痘进行清理和扫除，修复受损的皮肤。战痘是一个此消彼长的过程，把握好这两手工具，才能顺利的将痘痘扫除出去。

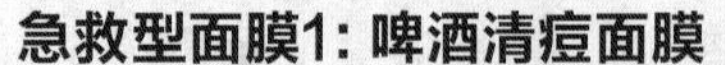

急救型面膜1：啤酒清痘面膜

解析：睡醒后发现痘痘出现在脸上，不要惊慌，先打开冰箱看看有没有储备一罐啤酒。啤酒的清洁作用能够迅速的深入毛孔底层，同时还能有效的抗菌和消炎，让红肿的痘痘失去威力。

制作：冰镇啤酒一罐，蜂蜜一汤匙，混合后浸泡纸面膜一张，敷于面部，15分钟后取下即可。

急救型面膜2：绿豆粉清凉面膜

解析：绿豆具有解毒的功效，同时研磨后的绿豆粉还是天然的美容工具，能够快速渗透至皮肤内部，镇定舒缓。绿豆粉的天然美白功效还能同时滋养皮肤。

制作：绿豆粉10克，牛奶50毫升，调匀后在面膜纸上涂抹均匀，敷于面部，静置10分钟后洗净即可。

舒缓型面膜1：红豆冰面膜

解析：红豆和红糖其实也是舒缓和去除角质的好材料，红豆与红糖的组合不仅可以让肌肤得到一定程度的缓解，还能去除脸上的油脂，让肌肤清爽，不紧绷。

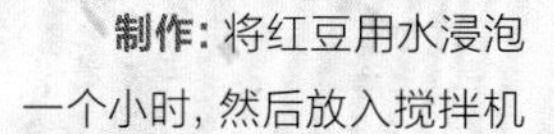

制作：将红豆用水浸泡一个小时，然后放入搅拌机里打成糊状，用红糖水调匀即可。将面膜均匀地涂在脸上，15分钟左右用清水冲洗干净即可。

舒缓型面膜2：黄瓜蛋奶面膜

解析：黄瓜和鸡蛋清都是很好的镇定肌肤的材料，纯天然的成分，让肌肤冷静下来，对于长痘痘的肌肤来说，是非常舒缓的，而且加入面粉后，还有一定的美白功效。

制作：用分蛋器将蛋清取出，然后将黄瓜放入搅拌机中搅拌，加入蛋清和少许面粉或者珍珠粉，可以加少许水使之成糊状。将面膜均匀涂抹在脸上，10分钟后清洗干净，肌肤将会嫩滑无比。

舒缓型面膜3：南瓜面膜

解析：南瓜含有丰富的维生素，如果再配上汉方党参，就会更具滋补、养颜的功效，配合在一起，可以让肌肤彻底放松，吸收营养，舒缓一天的肌肤压力。

制作：先将10g左右的党参煎出汁，然后和适量的南瓜一起打成泥状，可以加入些许冰糖水，一起搅拌均匀。然后涂抹在脸上，10分钟后清洗干净，肌肤就会变得红润清透，痘痘的红肿状态也会有所改善。

舒缓型面膜4：芹菜芦荟面膜

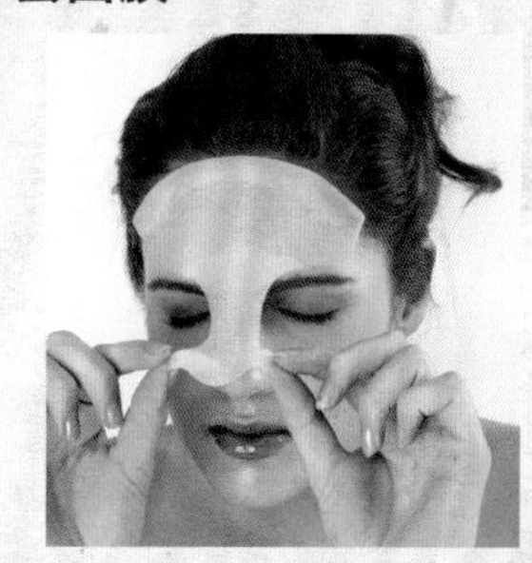

解析：芦荟一直以来都是舒缓镇定肌肤的最佳选择，对于痘痘肌肤来说，芦荟是福音般的护肤成分，不仅能够让长痘痘的肌肤冷静下来，还能让痘痘慢慢回缩，抑制痘痘的生长，搭配芹菜汁，效果更佳。

制作：将芹菜清洗干净，切成小段，和芦荟一起放入搅拌机里搅拌，然后把汁提取出来。准备一张面膜纸，放入芹菜芦荟汁里浸泡5分钟，然后敷在脸上15分钟左右取下。长痘痘期间可以每周使用，对抑制痘痘生长有一定作用。

自己制作的面膜成分天然，效果显著，但是切忌在面膜清洗干净后要使用对应的护肤品，这样才会更具抑制痘痘的作用。

（二）快速自制祛除痘印局部妙招

除了可以自己动手做一些辅助祛痘的美食、面膜以来，还有很多小妙招，只要动动手，就可以让痘痘、痘印局部得到缓解。让我们用天然的方法，让痘印不留下痕迹，快速而有效的让那些恼人的小红点点都消失。

妙招一：双红联手

材料：西红柿，草莓

方法：将西红柿和草莓清洗干净，放入搅拌机搅拌，然后将西红柿草莓泥占棉签点在有痘印的地方，10分钟后清洗干净。

美肌Tips:

西红柿含有丰富的维生素和矿物质，加上草莓中含有的酸性成分，会让黑色素慢慢淡化，适合消退局部的红印。

妙招二：巧用苹果

材料：苹果

方法：将苹果切成小片，放入热水里，至苹果变软，然后根据痘印的大小，贴在脸上15分钟，取下来清洗干净即可。

美肌Tips:

痘痘刚刚冒出来的时候，用这种方法会让痘痘迅速的成熟，并且不留下任何痘印。对于刚刚起来的痘痘，苹果妙招是非常好的急救措施。

妙招三：神奇生姜

材料：姜

方法：把生姜洗干净，切成小片，用手指紧按在痘痘上一分钟，然后贴在脸上10分钟左右，等脸上感觉到热度的时候再坚持2分钟，取下清洗干净即可。

美肌Tips:

生姜可以促进肌肤的血液循环，这个方法可坚持使用几天，便会发现意想不到的祛痘印效果。不仅可以迅速的修复痘印，还能让脸色变得红润，适合冬天使用。特别提醒如果有破的伤口或者痘痘，不要用这个方法。

妙招四：维生素E

材料：维生素E胶囊

方法：洁面后，将维生素E胶囊挤破，涂抹在痘印上，慢慢按摩，吸收睡觉。

美肌Tips:

晚上睡觉前，好好的洗脸，然后涂抹上维生素E，是科学又有效果的方法，维生素E是去除黑色素，恢复肌肤肤色均匀的好帮手，如果再内服一粒，效果会更加，还能延缓肌肤的衰老，坚持一个月就会发现肌肤平整了，痘印也消失了。

{第五章}

Chapter 5

我们的口号：肌肤从来都不一斑

关键词：

[祛斑]

除了在"一白遮百丑"的美容道路上前进，美肌达人们对无瑕肌肤的追求也从未停止过。不止要水嫩白皙，能够拥有无痘无斑的超标准美肌更是护肤的终极目标。

但现实往往没有这么幸运，无论是从小就先天存在的雀斑，还是随着年龄的增长、紫外线的摧残而在某个清晨让你面对镜子时发现的意外来斑，这些微小的瑕疵物都会在原本干净清透的肌肤上留下缺憾，想要拥有万能的遮瑕笔，把这些斑斑点点全部扫清？其实斑点不止能遮更能"撤"，只要对症下药，"不一斑"的无瑕肌肤你也可以轻松拥有。

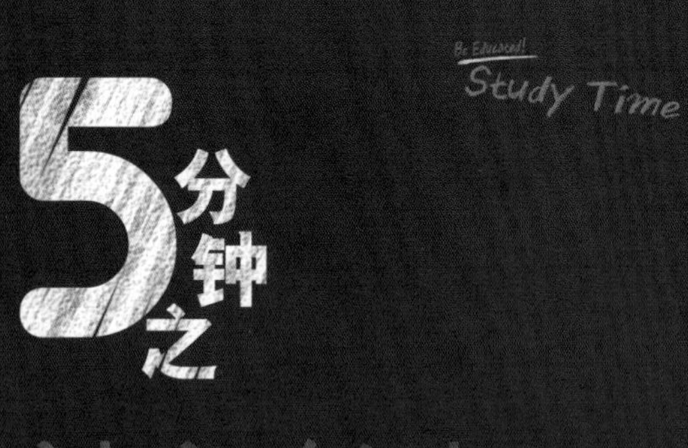

FIVE MINUTES LESSONS

祛斑自测大讲堂

为了实现真正无瑕的肌肤，做一场“面子大扫除”是必不可少的美丽功课。小雀斑、晒斑、黄褐斑……尽管这些斑斑点点都是破坏我们美丽肌肤的“坏分子”，但是它们的形成原因以及根除方式却不尽相同。只有找准这些斑斑的成因，才能对症下药，准确的将它们一一扫除。

（一）对症下药，“袭击”你的是哪种斑

斑斑点点的出现为无瑕肌肤洒上了不和谐的小音符，也为我们的美容大计横加阻碍。不过这些“小障碍”并非无法祛除，我们要做的就是首先了解它们形成的原因。也许你天生就有些小雀斑；也可能是随着时间流逝，风吹日晒和各种辐射时刻为皮肤“加压”；此外，饮食习惯与生活习惯的不同也让人的肌肤逐渐呈现出不同的特质。搞清楚这些斑点的来历，攻破它们的难题就迎刃而解了。

1. 16岁“斑女郎”，甩不掉的雀斑

雀斑这种常见的斑点在我们很小的时候就已经出现了，99%的雀斑均是由遗传因素引起的。从眼周到脸颊，米粒大小的浅色斑点集结在一起，当遇到日晒时斑点的颜色还会加深。这些恼人的“小东西”就叫做雀斑。雀斑往往从5、6岁时就开始陪伴着我们成长，通常白种人的雀斑肤质会比亚洲人更加明显。并且，这些斑点还具有非常强的时令性，夏天日光强盛时，斑点也会随之加深，而冬天气温降低斑点也会跟着转淡。对付这些先天性皮肤破坏者，最好的办法就是及早消灭它们，通过物理手段和祛斑产品，淡化掉黑色素，让雀斑消失无踪。

2. 25岁“斑女郎”：突如其来的色斑

比起早早出现的小雀斑，色斑的形成更是后来居上。随着年龄的增长，由于饮食、日晒的变化，藏在你皮肤深处的黑色素开始聚集，当黑色素累积到一定程度时，就会从肌肤深层“浮上”表皮层，形成色斑。色斑的颜色和形状各不相同，但是其根源都是来自于皮肤内部的黑色素。对于这种后天性的斑痕，防患于未然是必不可少的“安全措施”，年轻女性尤其是在工作之后，频繁的外勤、日晒，以及不规律的饮食，都会让身体的黑色素不断沉着，最终反映在原本洁净的皮肤上，让“面子”受损不小。

3. 30岁“斑女郎”：被妊娠斑破坏的肌肤

每个女人在怀孕时都会呈现出母性美的一面，但同样也会不可避免的遭受妊娠斑的侵袭。将为人母的喜悦与茶褐色的斑点一起点缀着孕期的女人。妊娠斑常见分布在孕妇鼻梁和双颊部位，有时连前额部也会出现斑痕。妊娠斑的产生原因同样是来自于人体的色素沉着。在怀孕期间，由于脑垂体所分泌的促黑色素细胞激素增加，再加上孕妇所分泌的大量孕激素、雌激素，就会导致皮肤中的黑色素细胞的功能增强，产生妊娠斑。不过，妊娠斑通常都属于妊娠期生理性变化，在孕期结束后就会转淡和消褪。

4. 40岁“斑女郎”：如影随形的黄褐斑

随着年龄的增长，女人的脸上开始出现更多岁月痕迹。黄褐斑就是人到中年的又一个警示讯号。这种斑痕通常都出现在面部的颧骨、额头和嘴角周围，颜色从淡淡的灰褐色逐渐加深，最后形成蝴蝶状的黄褐色对称型斑点，因此，黄褐斑也常被称作“蝴蝶斑”。黄褐斑的形成不仅仅是黑色素的沉积，同时也与女性的生理功能息息相关。黄褐斑与人体的内分泌系统关系十分密切，当女性出现气血失调、内分泌紊乱以及肝脏功能受损等症候时，黄褐斑就会悄然出现在你的脸上了。

5. 60岁“斑女郎”：真想拒绝“老人斑”

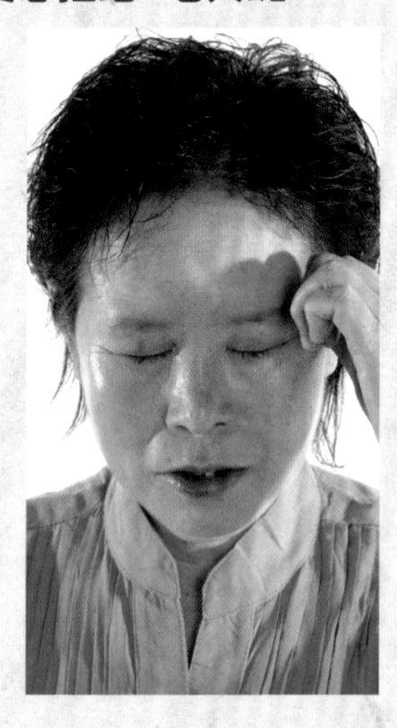

医疗技术的发达让现代人寿命不断延长，然而紫褐色的老人斑出现在身体上时，就不折不扣的提醒你已经迈入了将要老去的岁月中。这些老人斑的出现也是你体内脏器功能衰退的征兆之一。人进入老年之后，新陈代谢和细胞更新速度减缓，再加上饮食中动植物脂肪摄入比例的失调等一系列外部原因，导致一种名为脂褐质的棕色小颗粒不断堆积在皮肤的基底层细胞中，最终形成了老人斑。这些斑痕尽管对人体没有太多影响，但是它的出现对于爱美的女人来说，无疑是一个衰老的信号。

(二)有斑再祛不如防患于未然

虽然中国有句老话叫做“亡羊补牢，犹未迟也”，但是对于爱美的女性而言，事事做足准备功夫，未雨绸缪的对待护肤这件事更会让你的美容大计事半功倍。斑点的形成往往有一个较长的时期，祛除起来也常需要花费大量的时间与金钱。因此，在准确了解了各个阶段斑点形成的原因和特征之后，就能更加准确的逐一击破，防患于未然。

1. 斑点防御术之新陈代谢

纵观女人的一生，其身体各项机能都如同在时钟的操控下准确运转的机器，而这个人体的时钟就是你的新陈代谢功能。新陈代谢主要就是人体与外界之间物质能量的交换过程，随着年龄的增长新陈代谢的速度常常会减缓，从而引发体内各项技能的衰退和转化，由此也会产生各种不同的斑点。作为一个聪明的“斑点战士”，首当其冲就是要对你的新陈代谢做一个良性的引导。如果你有以下的几种常见生理特点，那么就一定要开始为你的新陈代谢“加加油”了:

(1)反复节食减肥，但是效果甚微。

(2)体力差，经常觉得嗜睡、疲累、没精神。

(3)皮肤状况差，换用新的保养品之后也没有明显改善。

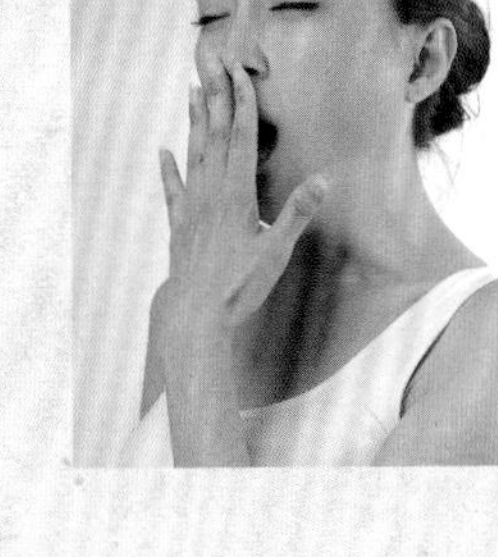

以上这些小小的警示讯号都是在告诉你，你体内新陈代谢的速度已经开始放慢了，为此，就需要我们人为的进行一些生活习惯的调整，来促进新陈代谢的速度。

为了提升新陈代谢的速度，这几个生活习惯一定要牢牢把握:

(1)进行适量的有氧运动: 有氧运动通过运动形式，将大量氧气直接带入体内，增加内脏活力，并且还可以有效燃烧脂肪，一举两得。有氧运动的量最好保持在每次30分钟以上。

(2)聪明的喝水: 水是美容最好的饮料，充分的饮水既可以保持细胞的含水量，也可以大大提高体内微循环的效率。含有大量镁元素的矿物质水能够让人体更加容易的吸收。

2. 斑点防御术之防晒指数

阳光为身体带来暖意的同时有时也会不经意的为你的皮肤添加瑕疵，不要以为人也像植物那样需要毫无遮挡的日晒程度。防晒这个美人功课，聪明的祛斑达人们一定要好好的学起来。

前面我们已经了解到，日晒是让皮肤产生皱纹和斑点的"元凶"之一，因此无论是在烈日炎炎的夏季还是舒适的春秋，防晒都是一件必不可少的工作。正确的防晒功课包括饮食和护肤品选择这两个内外兼修的两个方面，在日常饮食中，可以多摄取一些具有防晒效果的食物，比如鸡蛋、西瓜和番茄等。鸡蛋内含有大量的砷元素，能为你的皮肤提供天然的保护屏障，而西瓜等蔬果中含有丰富的水分和维生素C，长期食用对皮肤也是好处多多。

而在日常防晒中，选择清爽无油的普通防晒产品可以有效对抗紫外线，但如果你是一个需要长期在外奔波的人，那么就要选择SPF指数相对较高的产品。通常来说，基本防晒品选择SPF15左右的产品就足够了，而需要重点防晒时，就要选择SPF30以上的产品了。同时还需要注意的一点时，SPF值越高的产品，在使用后一定要仔细清洗，因为这些高强度防晒品同样也会为皮肤带来一定的刺激。

3. 斑点防御术之口碑推荐

经济型： 曼秀雷敦MENTHOLATUM新碧水薄防晒露

清爽净透的配方融合充分的MPC高效保湿因子，防晒同时更能有效补充肌肤水分。多种维生素的添加还能同时修复晒后肌肤，一举两得。

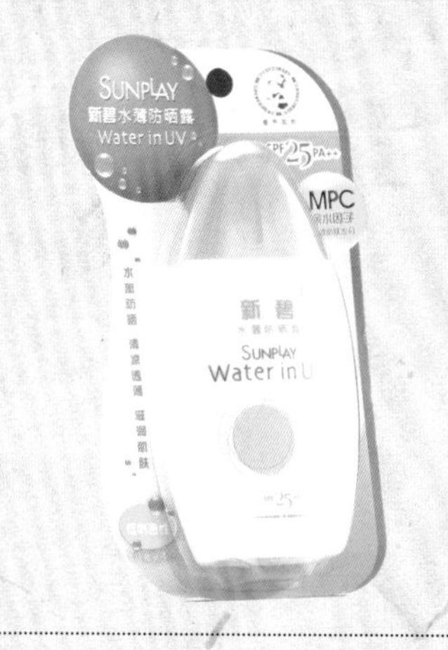

质感： ★★★★☆

防晒效果： ★★★☆☆

持久度： ★★★★☆

品质型： 倩碧 城市隔离霜

这款明星产品号称"全世界卖得最快的防晒隔离霜"，质地比较清爽，并且具有SPF15/20/30三种不同的选择。其天然护肤成分的使用让敏感肌肤和长痘肌肤也可以轻松使用。

质感： ★★★★☆

防晒效果： ★★★★☆

持久度： ★★★★☆

Be Educated! Study Time

5分钟之 祛斑技巧私塾

尽管斑点是难缠又多变的敌人，但是只要掌握好“循序渐进，内外兼修”的八字原则，成功扫除斑点，恢复无瑕肌肤仍是指日可待。可能有很多人要问，既然祛斑方法多如牛毛，我们怎样才能知道哪种才是适合自己的呢？于是，这就需要有针对性的一一解决了。从内到外，从汉方到秘籍，祛斑技巧私塾教你独门祛斑妙计。

(一)祛斑按摩1V1教程

如果要选择一个无污染、无副作用的最佳祛斑方法，那么一定非按摩莫属。在舒缓的按摩手法下为身心做一次彻底的放松，还能祛除皮肤上的斑痕，实在是一举两得。因为有许多斑痕都是因为人体气血运行不畅产生的，借助中医穴位辅助按摩的手法，对祛斑具有一定的功效。这种祛斑方法的优点是安全无刺激，而不足之处则在于需要花费的时间和精力比较多，属于长效祛斑手法。

按摩祛斑是一种简单易行的方法，只要掌握了正确的手法，就可以每天自己在家中进行按摩，花上15-20分钟的时间，就能为自己的美肌好好的"充充电"了。

1. 常用的按摩基础手法主要有如下的四种

(1)掌摩生热法

两手的手掌心相对进行摩擦直至发热，然后将温热的掌面覆盖在有斑痕的部位，有节奏的打圈按压，以顺时针快节奏的按摩，将斑痕范围推至外围，达到逐渐淡化斑点的效果。

(2)指按揉压法

手握成虚拳，将大拇指伸出，以拇指的顶端为用力点按压斑痕的中心部分，力度由轻到重，速度由缓入急，从斑面中心向外围进行圆周按压，刺激真皮层细胞的分裂，淡化斑痕。

(3)指抹淡化法

将拇指和食指合成撮东西的状态，缓缓的在斑痕表面进行涂抹移动，力度应尽量轻柔，以直线运动的轨迹推动斑痕中的黑色素松散，从而向四周扩散并消褪。

(4)指揉消斑法

主要使用中指的指肚进行，用指肚按住斑点位置，顺时针转圈按揉，速度以每分钟50-60次为宜，力度掌握在表皮层与真皮层之间作用，从而使得经过按压的黑色素小范围松动，并慢慢消褪。

按摩疗法虽然较为复杂，并且见效时间相对较慢，但是只要持之以恒的进行，不仅可以消斑淡斑，还能调节内分泌，使细胞活性增强，每天只需几分钟，长期坚持按摩还能使气血旺盛，肤色也会逐渐转好。

2. 简便易行的有效祛斑按摩法

有了正确的手法，接下来就要有针对性的将各种斑痕逐一击破，根据中医学理论，不同的穴位对应着不同的功能，祛斑按摩主要就是从主管人体内分泌和主要脏器的穴位入手，由内而外调理气血，激活内脏，增强内分泌，最终实现健康祛斑的目的。我们常见的色斑、雀斑和一些因为内分泌失调引发的面部斑痕，都可以通过按摩来进行祛除。

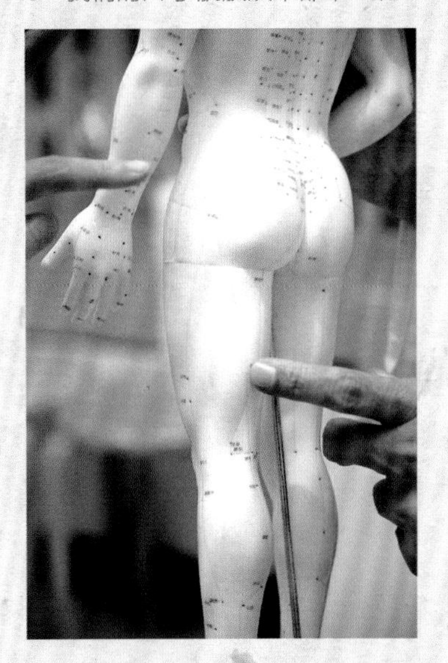

（1）滋阴补肾型祛斑按摩

原理：从内而外滋阴补肾，为肝肾注入活力，使脏器得以舒缓和休息，从而达到祛斑美容的功效。

手法：沿着足少阴肾经从上至下进行轻柔的按摩，重复5次；

在三阴穴上反复用力按压20次；

从上至下推摩脊椎，在命门、大椎等穴位处适当施力。

功效：可有效祛除由阴虚肾亏所产生的小雀斑。

（2）调理内分泌型祛斑按摩

原理：通过对人体主要淋巴系统和重点穴位的按摩，刺激内分泌，以内养外。

手法：环绕整个足踝进行从上至下，由内向外的轮转式按摩，重点在三焦俞、脾俞、肾俞、心俞、肝俞等穴位打圈按压；

以食指用力按压小脚趾外的束骨穴，力道可适当加重；

沿脊椎上下反复摩挲。

功效：可调节内分泌，从而改善斑痕肤质。

（3）驱肝火、平阴阳型祛斑按摩

原理：用中医穴位按摩去除旺盛的肝火，平衡内腑，从而使身体内外清畅。

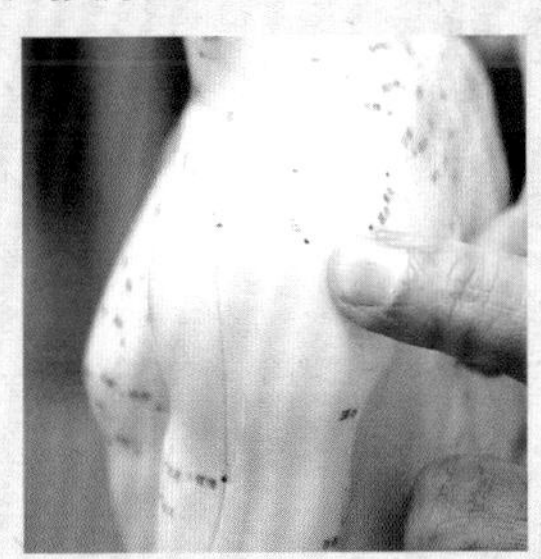

手法：找准肝经，由上而下的轻柔按压、敲打，对肝肾进行良性刺激；

在两膝内侧的血海穴，轮流用双手拇指进行按压。

功效：平肝抑火，清理身体垃圾，祛除由肝脏燥热所引起的雀斑。

当我们在进行按摩祛斑的同时，如果配合使用一些天然的乳霜产品，不仅可以使其更快的被皮肤吸收，也具有一些辅助按摩的功效。

口碑推荐

经济型：The face shop宝黛活肤胶原蛋白按摩霜

以丰富的胶原蛋白能量，迅速渗透至皮肤底层，帮助细胞新活再生，重新呈现年轻光彩。

吸收度：★★★★☆

淡斑效果：★★★☆☆

品质型：雅诗兰黛超凡晶澈美白按摩霜

具有美白保湿柔润等多重功效，以多种维他命和矿物精华，为肌肤提供丰富的美白营养。

吸收度：★★★★☆

淡斑效果：★★★★★

（二）古法祛斑私家秘籍

尽管现代医疗美容科技的进步为我们带来了更多方便的美容产品，但是源远流长的中国中医药文化也为我们留下了众多珍贵的古法美容秘笈。如果你也是个饱受问题肌肤困扰的爱美人士，不妨尝试一下从“老祖宗”的智慧里寻找灵感，选择一些从古代开始就经受了重重验证，安全有效的古法祛斑方式。要知道，那可都是由古代的美容权威：公主和贵妃们精心甄选出的古老方法哦。

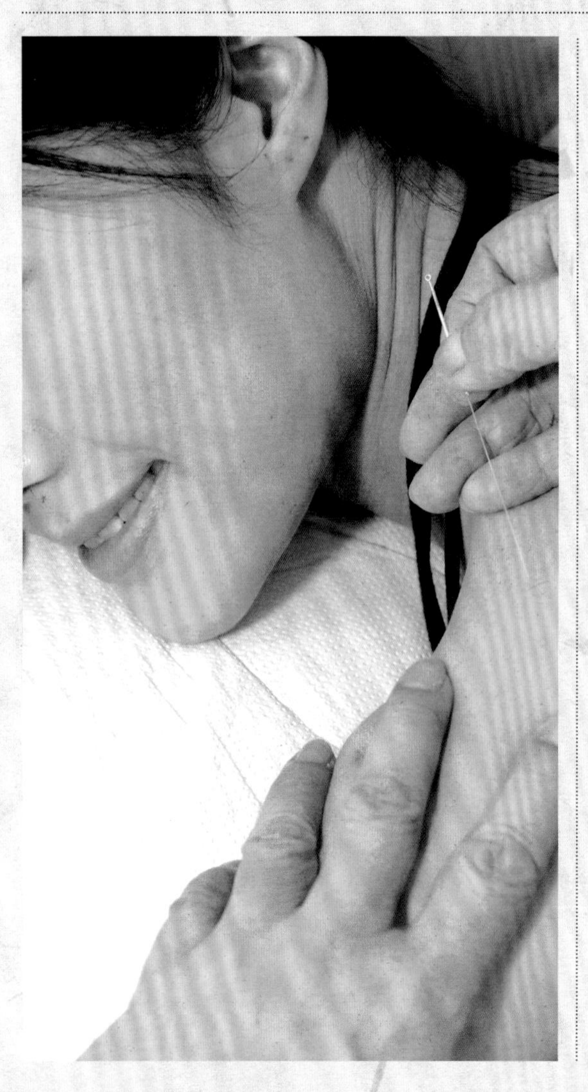

秘籍1：古法祛斑之针灸祛斑

解说：针灸是古代中医所发明的最为重要的医疗手法之一，通过以针灸刺激穴位，从而调理人体的内分泌，实现美白淡斑的目的。

效果：针灸是一种安全无污染的美容医疗手段，不需要使用药物，仅通过针刺激穴位实现对病理因素的深入调理。对于一些气血较弱，内分泌功能比较紊乱的人来说，针灸祛斑具有特殊的神奇疗效。

秘籍2：古法祛斑之醋疗

解说：自古以来，醋就有美白、生肌、消毒等多重功效。通过使用食醋与其他药材混合涂抹皮肤，实现淡化斑痕的目的。

效果：以天然材质实现美肌目标，既安全又环保。

醋疗小锦囊：

嫩肤——食醋一汤匙，蜂蜜一汤匙，混合之后均匀的涂抹于面部，能使肌肤白嫩柔滑；

祛斑——取食醋500毫升，浸泡白术50克，密封后静置7日后取出。将浸透了食醋的白术均匀的擦拭面部的斑痕，坚持使用可以明显的发现斑痕变淡。

美白——取新鲜食醋500毫升，鲜鸡蛋2个，将鸡蛋浸泡入米醋中，密封保存大约1个月之后，蛋壳完全溶解入醋水中。每天取一汤匙醋液以温水送服，长期食用能使肌肤亮丽白滑。

秘籍3：古法祛斑之红糖换肤

解说：红糖因其排毒滋润的功效一直为人所称道，从红糖中提取的天然成分不仅可以为肌肤提供大量所需的维生素，还能有效美白肌肤。尤其是红糖中的"糖蜜"成分，能够迅速渗透有毒细胞的底层进行置换，将黑色素导出真皮层，再通过淋巴循环排出体外，是一种安全的排毒淡斑手法。

效果：相对于激光等物理手段，红糖排毒换肤具有安全、营养、无毒副作用等多重优势，能够更有效的为肌肤提供美容营养。

秘籍4：古法祛斑之花草纯萃

解说：植物吸收了日光和土壤的营养，本身就具有丰富的维生素和营养元素，古代的美女们最常使用的美容产品就是各类花花草草，不同的花草具有不同的药用价值，搞清楚它们各自的功效，有针对性的进行使用，不仅能让你获取天然营养，更能轻轻松松做个花香美人。

功效：纯天然、无污染的高度营养素，为皮肤补充美容能量。

花草淡斑小锦囊：

桃花——古人常用"艳若桃李"来形容美人，可见桃花粉嫩的姿态是多么具有人气！桃花具有美白、养气血的多重功效，长期坚持服用桃花饮品或者使用桃花面膜，都能使肌肤光润，白里透红。

玫瑰——玫瑰又被叫做美容花，其馥郁的香气和丰富的营养元素向来是美容的不二之选。长期服用玫瑰花茶，可以有效淡化雀斑，同时还具有清火润喉的特效哦。

秘籍5：古法祛斑之心灵瑜伽

解说：瑜伽源自古印度，是一种通过提升意识，帮助发挥人体潜能的精神修养过程。古人很早就明白天人合一、内外兼修的道理，运用瑜伽运动，让身心得到充分的休憩与舒展，从而以内养外，让气血通畅，使身体时刻处在一个良性运转的状态，加速细胞活化速度，从而自然的达到美容的目的。

功效：高效有氧健身活动，让身体和精神达到和谐境界，自然的呈现出天然的美态。

（三）天然祛斑安全有效

名目众多的祛斑手术，种类齐全的祛斑产品，对于"素颜派"的美眉来说可能或多或少存在着一些心理障碍。用激光会不会损害皮肤，对护肤品成分过敏怎么办？其实自然界中还有很多天然的美容方法，可以帮助我们以更健康的姿态回复肌肤的美丽。这些"无添加、不刺激、抗过敏"的祛斑疗程，往往能够以最温和的手法来实现我们的美容心愿。

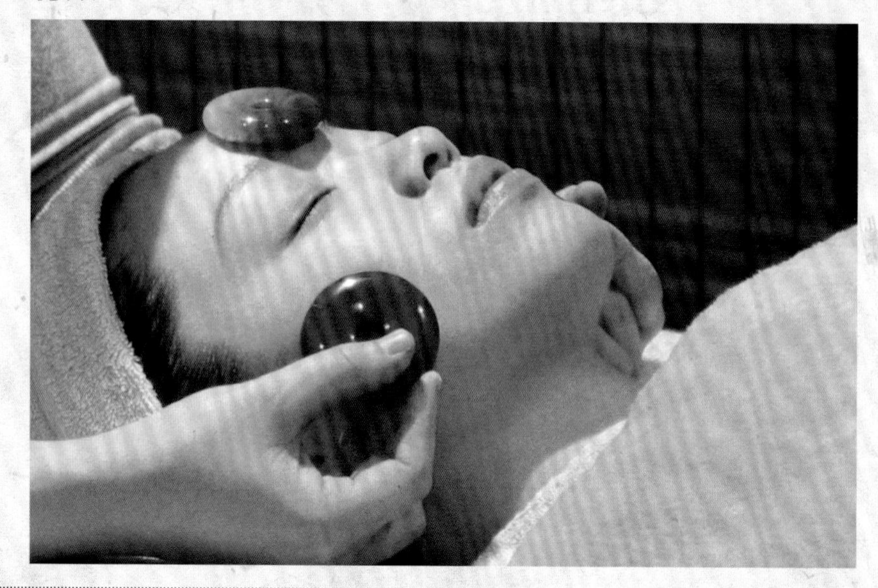

天然祛斑疗法1：祛斑美容石

用石头也能祛斑？这并不是天方夜谭，石疗美容的历史在中国可是源远流长的。石材原本是自然界中吸收了丰富灵气之后生长而出的天然材质，不同石材中含有不同的矿物质和微量元素，能够对肌肤产生各种影响作用。使用石疗还有一个好处就是这是一种温和的外用美容疗法，直接作用在皮肤表面，让你能够直观的看到效果。不过，石疗美容也是一种长效循序渐进的保守疗法，需要我们以充分的耐心持之以恒的进行。

石疗小锦囊：

玉石——玉石是一种珍贵的矿产，含有丰富的矿物元素。当我们使用玉石进行面部按摩时，人体细胞会随着玉石产生的波动而共鸣，从而刺激人体的微循环，达到美容理疗的效果。慈禧太后就曾经有过一套特种玉石制成的按摩器具，被各国公使夫人趋之若鹜的奉为"东方魔石"，玉石的美容功效可见一斑。

碧玺石——碧玺是女孩子们喜爱的配饰之一，佩戴碧玺饰物有促进血液循环，加速人体新陈代谢的功效。而碧玺本身还具有特殊的远红外辐射功能，在受热过程中原子能量能得到高倍释放，从而被肌肤吸收，焕发出亮丽的光彩。

桃花石——古诗中有关于"人面桃花相映红"的美妙描述，粉嫩娇艳的容貌与桃花相映衬的美景是许多爱美的美眉想要追求的境界。那么桃花石，这个神奇的美容助理你就不能不知道了，通过润泽的桃花石按摩工具按摩面部，刺激面部毛细血管，让气血通畅的同时，也就自然的呈现出粉嫩的肌肤青春光泽。

天然祛斑疗法2：泥浆美容

不要小看了这些黑乎乎、脏兮兮样子的泥巴，它们可是能够帮助你的肌肤排毒最好的工具之一哦。这里我们所说的泥浆并不是在路边随处可以看到的泥土，而是来自一些火山活动频繁、温泉泉脉众多的矿物密集之地采集的天然活性泥浆。泥浆中含有丰富的矿物质和微量元素，再加上一些辅助保湿和美容的润滑剂与植物精华，就具有了非比寻常的排毒养颜的功效。如果你正在向往日本、韩国以及世界各美容圣地的泥浆美容节，不妨先在家中试试独特的泥浆祛斑美容面膜吧。

天然祛斑疗法3：温泉护肤

早在13世纪，欧洲的贵妇人和千金小姐们就已经开始用温泉来进行自己的焕肤青春之旅了。大大小小的温泉度假圣地，不仅仅是“泡澡”这么简单，更是通过温泉这种天然的“美容水”，来实现自己肌肤的大改造。温热的泉水不仅可以刺激人体的新陈代谢，让微循环得到更充足的动力，温泉里还含有大量的微量元素，在泡澡的同时通过体表循环就能直接被人体所吸收，达到美容养颜的效果。在温泉胜地现在还有众多的配套服务，如SPA、水疗等多种选择。配合在温泉中洗浴后充分张开的毛孔，也能让美容品更快更好的被人体所吸收，达到事半功倍的祛斑美容效果。

天然祛斑疗法4：中医调理

中医学强调“攘外必先安内”的兼修原则，通常中医诊断都会先考虑我们的体内循环和其他脏器运转状况，从而得出需要调理的步骤。尽管色斑反映在脸上的形式大多一致，但是形成它们的原因却是多种多样的，内火旺盛与内寒体虚可能都会形成色斑，因此，对症下药就成为了中医美容的关键。强调高效快速祛斑的美容产品也许能够迅速淡化斑点，却无法根除斑点的成因，因此，中医祛斑最大的好处就是“先治本再治标”，将形成斑点的原因进行分解调理，从内而外的让你实现祛斑，让肌肤新生。

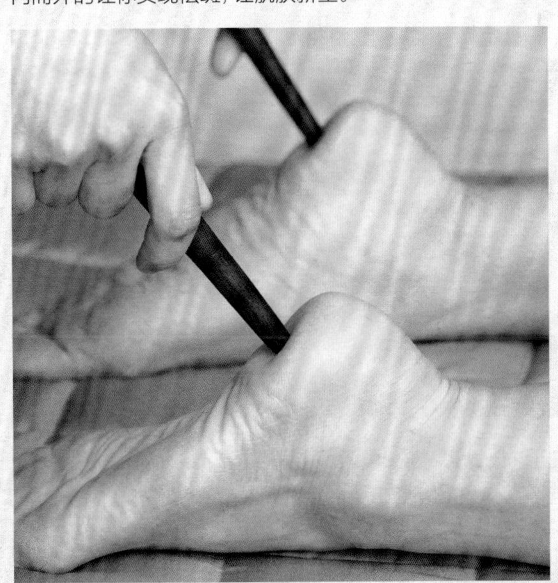

（四）精挑细选祛斑精华

在祛斑美白的过程中，有一个必不可少的程序就是对肌肤进行营养保养。市面上的护肤产品种类繁多，怎样才能选择最适合自己的一个？挑选合适的祛斑产品，就不得不提到一个重要的准则即“321”原则。

321原则之买前3看

所谓买前三看，就是要有针对性的出手购买，一看产品的功效说明，以确定其正好针对的是自己的肤质、斑痕属性等；二看产品的成分说明，从而可以判断自己是否已经购买过同类型的产品，避免再花冤枉钱；三看则是要看该产品的配套产品线，比如某些精华产品必须配合本品牌的某些赋活产品才能有效吸收，或者说某些产品有一定的排他性产品，这些都必须仔细进行事前鉴别。

321原则之买时2试

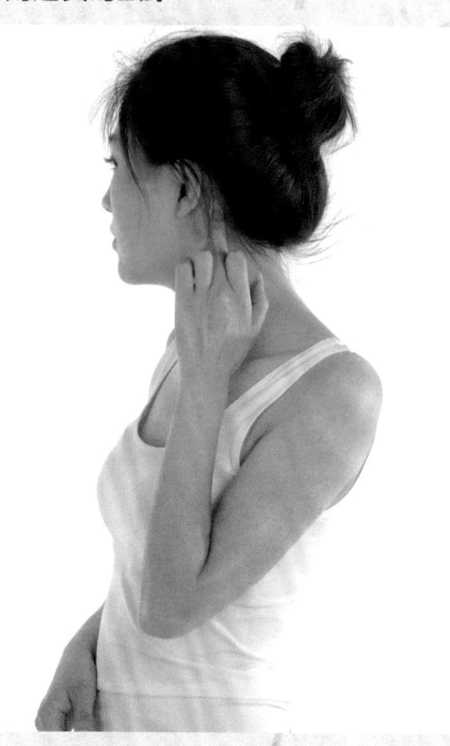

除非是购买自己已经用习惯的产品，否则在购买前一定要在柜台售货员的帮助下进行试用。所谓的“买时二试”包括，一试产品是否能很快被皮肤吸收，二试自己的肤质对这款产品是否有过敏性反应，双重实验下都没有问题的产品再考虑是否购买。

321原则之买后1坚持

不论多好的产品，都不可能产生立竿见影的效果。美容是一个持之以恒的过程，因此在使用护肤产品时一定要有耐心，按照时间和用量坚持长期使用。在涂抹乳霜和精华时，最好是配合以按摩，帮助产品更有效的被肌肤吸收不浪费。

买前、买时、买后，通过这个321原则，我们就可以来挑选适合自己的祛斑产品了。

祛斑产品清单之基础篇

化妆水、乳液和面霜被称为护肤的三个基础产品，对于斑痕MM来说，在选择基础护肤品时一定要看清楚产品成分，避免使用具有强刺激性的产品，以免增加皮肤的负担。选取一些具有美白功效的产品，对于祛斑工程绝对是百利而无一害的。

口碑推荐

经济型：NUDECOS裸淂美白祛斑化妆水

来自韩国的纯植物淡斑美白产品，含有马齿苋提取物和天然生物糖胶，能够深入肌底补充营养。

淡斑指数：★★★☆☆

吸收指数：★★★☆☆

经济型： 雅芳新活净白祛斑霜

实时提高肌肤水含量，为细胞提供丰富的水养活力，全面提亮肤色，改善皮肤的斑痕状况。

淡斑指数： ★★★☆☆

吸收指数： ★★★☆☆

品质型： 娇兰蜂姿美白祛斑套装

丰富的蜂胶提取物，有效活化细胞深度美白、淡化斑点，让肌肤重现无瑕光彩。

淡斑指数： ★★★★★

吸收指数： ★★★★☆

品质型： 迪奥CD奇迹脐橙美白祛斑霜

提取水果维他命精华，深入滋养肌肤，从底层渗透并美白肌肤，淡化色斑。新鲜水果能量配合保湿因子，为肌肤注入完美再生能量。

淡斑指数： ★★★★☆

吸收指数： ★★★★☆

祛斑产品清单之精华篇

如果说你的护肤品清单中只能保留一个产品，那么精华液绝对是必不可少名单中的重头戏，小小一瓶蕴含着超多超丰富的能量，让肌肤满满喝饱营养品。尤其是对于有斑痕的问题肤质而言，高效的美白淡斑精华产品简直就是皮肤的万能救星。到底哪一款是适合你的精华产品，就要根据你的肤质状况分类甄选了。

口碑推荐

经济型： Loreal欧莱雅三重美白淡斑精华

清爽的质地让这款精华产品拥有绝佳的吸收度，融合美白淡斑双重效力，为肌肤提供双重营养素。

淡斑指数： ★★☆☆☆

吸收指数： ★★★★☆

经济型： 碧欧泉深海源萃白淡斑精华乳

直击肌肤底层顽固黑色素，纯左旋维生素C-SMA强力祛除并且有效抵御黑色素的再次侵袭，让肌肤干净彻底的亮白起来。

淡斑指数： ★★★☆☆

吸收指数： ★★★☆☆

品质型： 倩碧超凡嫩白淡斑精华露

以海洋深处萃取的胶原蛋白和卵磷脂共同作用，对黑色素具有强效祛除作用。特有滚珠按摩式设计，让精华充分渗透至肌肤深层。

淡斑指数： ★★★★☆

吸收指数： ★★★☆☆

品质型： 雅诗兰黛璀璨美白淡斑精华膏

非凡的吸收力让这款产品拥有强大而立竿见影的淡斑效果，对付一些浅层次的小斑痕，这款精华的作用力绝对是一等一的。

淡斑指数： ★★★★☆

吸收指数： ★★★★☆

5分钟之 祛斑美食私房菜

健康、美丽、活力，这些让我们身心焕发光彩的元素都可以通过摄取优质的食物——“吃出来”。食物中具有天然的营养成分和丰富的养分，为我们的机体提供能量同时也能为美容增添点天然元素。能够祛斑淡斑的食物更是多种多样，如果你怕麻烦而不愿意花时间做保养，不妨在饮食上多下点功夫，将斑痕用天然的食物武器逐个吃“消失”。

(一)斑从口入——哪些东东不能吃

也许你原本是个白雪公主，有一天却忽然发现自己脸上多了很多斑斑点点，这种意外状况的发生如果不是因为头一天晚上你更换了什么不适合的护肤品，那么其罪魁祸首就很有可能是由于食用了一些容易诱发斑痕形成的食物。不同的食物具有不同的属性，如果不小心吃错了时令，吃错了搭配，都很容易让斑点悄悄“占领”你的脸。美容学家特别提醒，为了拥有更无瑕的肌肤，除了要注意防晒，更要注意避免食用感光类食物，以免“斑”从口入。

1. 感光类食物解析

这一类型的食物中含有“感光因子”，当食用了这些食物之后，如果遇到日晒或者其他强烈光线的照射，皮肤内黑色素细胞的活力就会大大增强，从而引起皮肤的色素沉着，诱发斑点。

(1)感光类食物种类

感光类的食物范围很广，动物、植物性食物中都有很多感光类的食物，最主要的感光类食物可以分为以下四种类型：

○1深色食物

通常来说颜色越深的食物越容易引发黑色素的活跃，在美白祛斑的过程中，需要牢记的准则就是“吃什么颜色就容易获得什么颜色”，因此我们就要尽量规避这些深色的食物，避免吃出深黑肤色来。

淡斑牢记——深色食物对照表

➤ 主食类：紫米、黑豆、赤豆、青豆等。干果类：菱角、核桃、黑芝麻等。

➤ 肉食类：牛肉、羊肉、乌鸡、甲鱼、海参、猪肝等。

➤ 饮料类：可乐、咖啡、热巧克力、浓茶水等。

➤ 植物类：黑木耳、菠菜、紫甘蓝、胡萝卜、香菇等。

○2油炸食物

香脆可口的油炸食物是许多人的心头好，但是高热量高油脂的油炸食物含有大量氧化物，这些氧化物正是让我们的肌肤老化的元凶之一。同时，油炸食物中大量的油脂进入血液循环中，容易引起血行不畅，淤塞血管形成斑痕。想要拥有白皙无斑肌肤的美眉们一定要对油炸食物Say NO!

拒绝老化——油炸食物对照表

➤ 快餐类：炸鸡、炸鱼排、炸虾、炸蔬菜、天妇罗型食物等。

➤ 家常类：炸丸子、炸肉、油条、油饼、炸小黄鱼等。

○3感光蔬菜

许多植物中都含有大量的感光因子，如果食用之后遇到光照和日晒，就会引发黑色素沉积。虽然植物中的维生素含量很高，对我们的肤质改善裨益良多，但是在选择的时候，还是要睁大眼睛，将有可能破坏我们淡斑大计的“坏分子”一一清扫出菜单。一般说来，能够散发出辛辣和芳香气味的植物，大多都属于感光植物的范畴。

斑点防守——感光植物对照表

➤ 蔬菜类：菠菜、韭菜、香菜、芹菜、白萝卜、胡萝卜等。

➤ 豆类：红豆、黄豆、豌豆、扁豆等。

➤ 主食类：马铃薯、红薯、芋头等。

○4酸性水果

水果中含有大量的果酸和维生素，是补充营养的好选择。但是如果你正处在为肌肤勤奋祛斑的时期，就要注意，某些酸性水果可能会让你的努力功亏一篑。大量酸性物质的摄取，会让人的血液偏向于酸性，酸性的体质将会给人带来健康上的不适，也容易引发斑点。因此，在选择水果类型的食物，要注意避开某些酸性较强的水果。

酸碱平衡——酸性水果对照表

➤ 强酸类：柠檬、李子、杨梅、柑橘、橙子等。

➤ 一般酸性类：黄桃、菠萝、西瓜、葡萄柚、梨、蜜桃、葡萄等。

2. 严防斑点之饮食小贴士

前面我们列举了许多在祛斑期间要注意适量食用的食物，也许爱美的你要问，难道为了保持面子干净，这么多美味的食物从此我们就都只能完全“绝缘”了吗？事实上，美容是一个持之以恒的过程，更是一个科学调配的过程，只要掌握如下的基本原则，同样还是可以开心的吃，健康的吃。

（1）健康祛斑准则之酸碱平衡要掌握：人体是一个和谐运转的生命体，酸性食物和碱性食物在其间共同作用，因此我们在摄取食物时要注意平均分配酸性食物与碱性食物的数量，保持膳食平衡。

（2）健康祛斑准则之三餐饮食要按时：我们的身体里都有一个生物钟，它的运转周期指挥着身体脏器的正常运转。因此爱美的你一定要注意合理安排餐饮时间，从而帮助身体器官良性有序的运转，获取健康的体质。

(二)淡斑美食之旅

因为不科学、不健康的饮食，让斑斑点点破坏了我们肌肤的美丽，但是千万不要灰心，因为吃出来的瑕疵同样也可以用食物“消灭掉”。食物里蕴含的丰富美肌精华可是具有其他外用的保养品所无法达到的深层次效果哦。

1. 淡斑美食之三原则

在选择淡斑食物的时候，同样也必须遵循科学的原则，俗话说“物极必反”，心急吃不上热豆腐，美容也是同样的道理。只有保持耐心，循序渐进，才能将饮食的美容功用发挥至最大。在选择淡斑美食的同时，要牢牢记住以下三大原则：

(1)拒绝挑食，营养膳食

女孩子大多都很挑食，在选择食物的时候自己爱吃的就一味多吃，不喜欢的食物就丢到一边。但是要记住，食材中具有不同的营养素，只有多方摄取才能保证身体得到足够的营养。试想，只要每天都吃一个水果就能淡化脸上的斑点，这总比具有风险的激光手术、苦涩难咽的中药要易于接受吧！因此，在饮食中一定要合理搭配，拒绝偏食！

(2)聪明饮食，科学烹调

不同食物的营养在不同的烹调过程中可能会流失或者析出，这就需要我们眼明心亮掌握各类食材特性。比如，番茄当中的营养素要加热到一定程度才能析出，胡萝卜中的营养素与白萝卜中的会两相作用，形成不易于人体吸收的物质。在我们烹调食物时，就要注意这些食物的特性进行烹饪。

(3)合理搭配，平衡调理

正如同两个不同物质相遇就会产生化学作用一样，两种不同的食物一起食用功能也会被放大。许多食材同时具有美白、淡斑等多重功效，在食用的时候可以多选择几种不同的食物，让你的祛斑效果事半功倍。

掌握好了膳食的原则，接下来我们就要选择一些富于营养的祛斑美食，为我们的祛斑美食之旅打开活色生香的丰富一页啦。

2. 淡斑美食大搜罗

(1) 褪黑食材

有的食物当中含有“褪黑素”，当它们进入血液循环之后，会自动发挥褪黑功效，淡化斑点。这些食物就是我们脸上斑斑点点的大克星，想要拥有无瑕的肌肤，第一要务就是找到这些“肌肤卫士”。

褪黑食材排行榜

西兰花——西兰花是当之无愧的褪黑冠军，丰富的褪黑素和维生素让它营养出众，能为人体补充大量钙质和营养素，有效祛斑。

茄子——香滑的茄子是很多美眉的最爱，也是名号响当当的美容菜，食用后可以使皮肤光泽度增加，淡化黑色素。

鸡肉——鸡肉热量低而营养丰富，是白色肉类当中的上佳品种。多吃鸡肉不仅可以为身体补充大量低脂蛋白，还可以美白祛斑。

(2)维生素食材

维生素是让肌肤充满能量的明星元素，不同的维生素具有不同功效。维生素A可以抵抗细胞老化，强化细胞活性；维生素C有效抗氧化，让细胞“不易老”；而维生素B6可以消除细胞中的黑色素，美白肌肤。多多摄取维生素，皮肤就会有明显的改善。

> 维生素A食物明星：燕麦、玉米、黄瓜、香蕉等。

> 维生素C食物明星：猕猴桃、番茄、橘子等。

> 维生素B6食物明星：蛋黄、鱼、花生、海虾等。

3.淡斑美食菜谱

有了这么丰富的食材可供挑选，接下来我们要做的就是扎起围裙，进入厨房，为自己烹饪一道完美的美白淡斑大餐了。美味的食物是女孩子的最爱，营养又美味的淡斑菜肴吃在口中，一天天变得白皙透亮的肌肤更能让自己感到神清气爽。

淡斑私房菜之巧拌西兰花

{材料}：

西兰花250克，胡萝卜50克，蒜末、盐、橄榄油、醋各适量。

{制作}：

○1西兰花洗净，切成小朵；胡萝卜洗净，切片。

○2将西兰花和胡萝卜片放入沸水锅中焯熟后捞出冲凉，沥干水分放入盘中。

○3加蒜末、盐、橄榄油、醋拌匀即可。

美肌Tips:

西兰花含有丰富的维生素C和A是肌肤美白淡斑的圣品，经常食用能有效抑制黑色素的聚集，让MM们的肌肤看起来白白嫩嫩有光泽。

淡斑私房菜之鲜香茄泥

{材料}：

茄子500克，青椒、海米、榨菜末、葱末、盐、花生油、香油、鸡精各适量。

{制作}：

○1茄子洗净切条；青椒去蒂、籽后切丁；海米略泡后切丁。

○2把切好的茄条放入盘中，上锅隔水蒸烂，取出晾凉，沥干水分备用。

○3炒锅放油烧至六成热，放入榨菜末、茄泥和海米，加入适量的盐、鸡精，翻炒均匀后放入葱花和青椒丁继续翻炒，炒至茄泥入味后，滴上数滴香油，即可盛盘上桌食用。

美肌Tips:

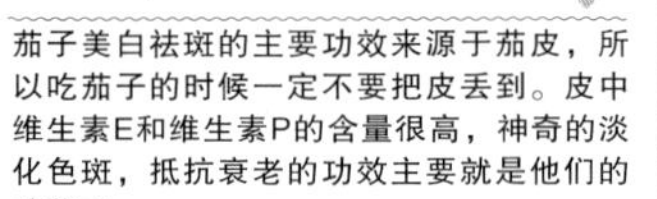

茄子美白祛斑的主要功效来源于茄皮，所以吃茄子的时候一定不要把皮丢到。皮中维生素E和维生素P的含量很高，神奇的淡化色斑，抵抗衰老的功效主要就是他们的功劳了。

FIVE MINUTES LESSONS

Study Time

5分钟之祛斑DIY学院

祛斑无止境，美丽大行动。为了扫清面子上最后的顽固瑕疵，除了食补和日常保护以外，丰富的护肤保养品也是对付斑点肤质的利器。正确掌握保养品的用法，有针对性的将斑点对症下药，下一个“白雪公主”就是你!

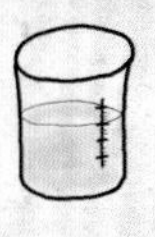

(一)祛斑面膜——DIY+大自然

很多人都喜欢使用面膜来对皮肤进行一次营养丰富的私人SPA，洗完澡之后贴一张面膜，让面膜中的精华养分在十几分钟的休憩中渗透到肌肤底层，的确是一种舒适的享受。现在我们也同样可以利用各种天然材料，为自己制作一些经济又好用的祛斑面膜。

1. DIY需要注意的几个小问题

祛斑型面膜主要以天然材料为基础，运用面膜的强渗透力为肌肤注入大量能量，达到深入斑痕淡化黑色素的目的，在制作和使用时，要注意以下几个小问题：

(1)材料干净清洁

因为DIY面膜主要使用的是无纺布面膜纸和自己动手制作的美容液，所以在制作过程中要注意原材料的清洁，用剩下的美容液也要及时储藏好，避免其变质。

(2)面膜使用时间要适宜

通常来说，一张普通面膜的敷用时间以10-15分钟为宜，如果时间太短精华就得不到彻底吸收，使用太久则有可能让肌肤失水。尤其是一些对皮肤刺激性较强的面膜，停留的时间应相应减短，避免对皮肤造成过度刺激。

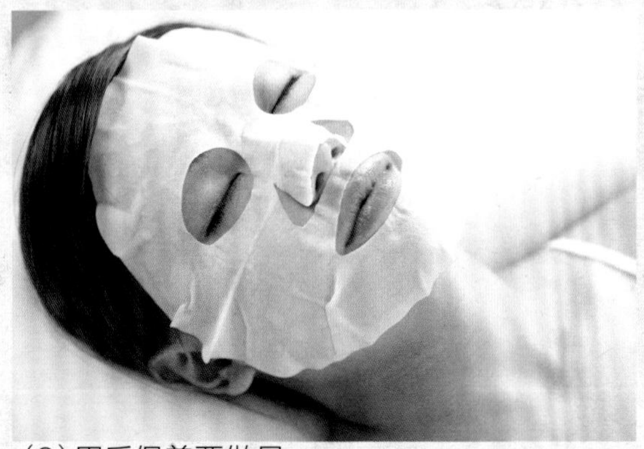

(3)用后保养要做足

面膜主要是在短时间内为肌肤提供大量营养素，并不能为肌肤提供长期保护，因此爱美的女生们一定要注意面膜使用后的保养功课。选取一些质地清爽的精华液和保湿产品，会让皮肤更好的吸收，达到双重美化祛斑的功效。

2. DIY面膜需提前准备什么

(1)工具

制作祛斑面膜时，可以选择的材料有很多，准备一个榨汁器，一个干净的小瓶子，再加上一把面膜刷或一张面膜纸就可以开始我们的自助淡斑工作了。

(2)两种不同类型的面膜需区别对待

为了使天然材料能够更好的渗透，根据材料的特点我们通常会制作两种类型的面膜。

○1无纺布面膜

有些天然材料刺激性较大，水分也比较充足，为了更好的吸收它们的营养，我们可以在化妆品柜台选购一些无纺布面膜纸，浸泡在由这些材料打成的美容液里，然后再敷在脸上使用。

○2原液面膜

有的材料经过加工，会变成粘稠的糊状或粉状物，这些面膜就可以在与蜂蜜或者鸡蛋清混合后，用面膜刷直接涂抹于面部，帮助皮肤来吸收它们的营养。

3. 淡斑材料大公开

自然界有丰富的营养物质供我们筛选，适合制作成面膜的花草和蔬果也种类繁多，就我们日常生活中比较容易找到的材料而言，主要有如下几类：

淡斑蔬果选择： 番茄、黄瓜、葡萄、柠檬、香蕉等。

淡斑花草选择： 桃花、玫瑰、茯苓、苹果花、白术、薏仁、海藻等。

淡斑饮品选择： 绿茶、牛奶、蜂蜜、红酒等。

4. 淡斑面膜大搜集

自制面膜1：气色甜蜜蜜——番茄蜂蜜面膜

材料： 番茄1个，蜂蜜5毫升，面粉10克。

制作： 将番茄捣碎取汁液，与蜂蜜和面粉均匀调和后敷于面部，20分钟后洗去。

功效： 美白嫩肤，净化面部细小斑痕。

自制面膜2：净肤小香氛——玫瑰香桃仁面膜

材料： 玫瑰花10克，核桃仁10克。

制作： 将玫瑰花用温水泡开，核桃仁打成粉末状，以水调和后共同煮开，搅拌均匀冷却后敷脸。

功效： 活血养颜，香气怡人。

自制面膜3：营养百分百——燕麦香蕉面膜

材料： 香蕉1根，燕麦10克，蜂蜜5毫升。

制作： 香蕉去皮捣碎，与燕麦蜂蜜均匀混合后敷于面部，10分钟后洗去。

功效： 吸收黑色素，有效淡斑，营养美白。

自制面膜4：肌肤水灵灵——芦荟珍珠面膜

材料： 新鲜去皮芦荟15克，珍珠粉10克，牛奶5毫升。

制作： 将芦荟打成汁，与珍珠粉、牛奶调匀成糊状敷脸，静置15分钟左右洗去。

功效： 为肌肤深度保湿，淡化色斑，提亮肤色。

5. 自制天然淡斑贴

也许你会说，这些自制面膜又要榨汁，又要蒸馏的太麻烦了，不用担心，其实还有一类天然材质根本无需经过任何加工，就可以直接为你的淡斑疗程提供帮助。下面，就来为大家介绍一些简单易做的天然淡斑贴。

自制淡斑贴1：土豆片面贴

土豆具有很强的黏性，对皮肤上斑痕中的黑色素有吸附作用，将土豆切成薄片直接敷在斑点部位，每天贴上10分钟就能收到明显的效果。

自制淡斑贴2：黄瓜面贴

黄瓜有色斑克星的美誉，黄瓜中的褪黑素能够迅速淡化色斑，回复肌肤柔嫩细致的状态。将黄瓜切成薄片敷脸，对色斑有明显的消褪效果。

(二)自制淡斑锦盒——独门面霜

面霜是我们在日常保养中最常用也是最普遍的护肤品之一，许多美眉都在烦恼有了斑点的皮肤该选择什么样的面霜呢？现在各大品牌均推出一些具有美白和淡斑效果的面霜可供选择，但是昂贵的价格往往让钱包受损不小。既然有这么多天然的材质可以用来为肌肤美容，那么可不可以将它们也使用在面霜当中，自己DIY一个淡斑保养品锦盒呢？答案是肯定的，其实很多大牌护肤品的美白祛斑产品也都是提取自天然材质，在生活中我们也可以利用这些材料进行面霜自制。

1. 自制面霜需要注意的几个环节

(1)底霜的选择

自制淡斑面霜主要是将一些天然成分添加到普通面霜产品当中去，因此底霜的选择是所有工作成功的基础步骤。建议选择一款易于吸收，且具有美白保湿等效果的平价底霜，再配上我们的“DIY自然祛斑添加物”，让普通面霜变身为具有祛斑效果的神奇面霜。

口碑推荐

经济型：雅漾活润泉清润保湿霜

超强的保湿效果配合柔润的质地，让这款面霜成为秋冬季节对抗干燥的明星产品。

保湿度：★★★★☆

吸收度：★★★★☆

品质型：资生堂美白保湿霜

适用于任何年龄段的优质基础护肤品，温和的材质不易敏感，是一款优秀的基础护肤单品。

保湿度：★★★☆☆

吸收度：★★★★☆

(2)添加物选择需谨慎

因为面霜需要使用和保存的时间较长，因此一般的植物汁液和糊状物都不适合添加到面霜中，最好是选择一些天然材质的粉末或者精油添加到面霜里，既不会影响使用时的感觉，又能让天然成分更好的被吸收。

（3）面霜保存要得当

因为添加了一些自制的成分，所以在保存面霜的时候我们要格外注意，避免因为变质而毁掉一整瓶面霜的得不偿失。最好的办法就是将面霜放在冰箱的冷藏室内，这样不仅便于保存，使用起来感觉也会更加清凉舒适。

2. 自制面霜最适合的添加物

掌握好了制作DIY面霜的几个要点之后，接下来我们就要开始选择适宜的添加物了。前面我们说过，最适合添加到面霜中的材质有各种粉剂和精油等，因此我们在选择时主要就以这两种材质为准。

（1）DIY面霜之粉剂篇

粉剂是将天然材料进行干燥后碾压成粉末进行使用的手法，这种材质的优点在于质地天然，容易吸收。在我们进行祛斑美容的时候，以下几种材质的粉剂比较适合我们使用在面霜中。

粉剂1：珍珠粉

珍珠粉具有天然的美白、润肤等功效，能够深入肌肤底层，清除黑色素，还原肌肤的亮白本质。珍珠粉在各大商场和超市均可以买到，注意选择时要挑选质地细腻、洁白的珍珠粉。

粉剂2：花粉

近年来花粉成为热门的美容用品，萃取了植物天然精华的各类花粉具有益气养血，活化肌肤的功效。选择花粉时要注意其成分，玫瑰、丁香和茉莉等花粉都具有祛斑美白的效果。

（2）DIY面霜之精油篇

精油主要是从植物的花、叶、果实和根茎中提取的天然芳香物质，浓缩了花草植物中的草本精粹的同时，还具有各种不同的功效。好的精油产品完全蕴含了植物本身的精华，使用在面霜中具有浓缩的功效，往往只需要一点点，就能为皮肤提供长效的养分。

精油1：玫瑰精油

被誉为“精油皇后”的珍贵精油产品，具有改善女性内分泌，调理气血等多重美容功效。玫瑰精油可以以内养外的淡化黑色素，回复肌肤白皙状态。将玫瑰精油添加到面霜中坚持使用，对于改善肌肤状况有神奇的效果。

精油2：橙花精油

柑橘类精油中的佼佼者，具有丰富的维生素C和美白成分，同时，橙花精油还是柑橘类精油当中唯一一款不具有光敏感性的精油。即使在使用后马上晒太阳，也不用担心会产生斑点。橙花精油具有美白肌肤，淡化色斑等功效，也是一款不错的祛斑精油。

{第六章}

Chapter 6

打破衰老的魔咒 做个不老的妖精

关键词:

[抗衰老]

当第一条皱纹随着岁月烙印爬上原本光洁无瑕的额头，当第一个岁月痕迹呈现在镜子前的脸上，“衰老”这个词如同魔咒般进入原本沉浸于青春美丽中的内心。都说“女人30豆腐渣”，难道所有的美丽、健康、自信飞扬的神采就要随着时间一起毫不留情的逝去？这可不是我们想要的结果，抗衰老的战役已经打响，做个不老的妖精，让年龄不再是美丽的障碍，就从这一刻开始。

Be Educated! Study Time

分钟之

FIVE MINUTES LESSONS

抗衰老自测大讲堂

王国维先生词云：“最是人间留不住，朱颜辞镜花辞树”。美丽的容颜最容易受到时间的侵蚀而消退，年轻的风采被岁月轻轻擦去时，每个人都开始不可避免的留恋青春。衰老并非完全无法抗拒，用对了保养方法，保持年轻健康的心态，人人都能成为猜不出年龄的“不老神话”。

（一）是什么让我们衰老

人体衰老的原因有很多，时间的流逝、岁月的侵蚀，以及生活中各种各样的压力都会让人逐渐苍老。除了外部的原因，内心因素也是人衰老的一个重要原因。要知道是什么让我们衰老，我们才能打好抗衰老的这场硬仗。

1. 人体衰老的几个征兆

○1脸上开始出现皱纹；
○2肠胃活性降低，出现便秘等问题；
○3有脱发现象，头发逐渐变得稀疏；
○4睡眠不好，常常无法一觉睡到天亮；
○5牙龈萎缩，牙齿有松动迹象；
○6脊椎、腰椎的力量减小，出现驼背等现象；
○7经常觉得头晕眼花，视力下降。

以上这些细小的生理现象变化，都预示着我们的身体已经逐渐在向着衰老前进。虽然说，人从出生开始，其实就在不断的衰老着，但是，这种衰老的过程却是因人而异的。这就是明明都是同龄人可为什么看上去有些却差别很大的原因。

2. 引起衰老的几个主要原因

（1）过度氧化

氧化现象是人体正常的生命现象，但是如果氧化速度过快，人体内自由基过分活跃而不断与其他物质进行合成，就会加速人体的衰老。因为过度的氧化过程消耗了人体大量的能量，因此会让人出现色斑、肿瘤，并且在体内并发各种炎症，影响人体健康。

（2）气血不足

对于女人来说，益气养血是一个长期的过程。因为血液循环的健康与否在很大程度上决定着女人的衰老速度。如果长期气血失调，容易引发各类肝肾问题，导致头晕、眼花以及体力虚弱等现象，在外部就表现为面容的衰弱。

（3）营养不良

营养不良就意味着身体长期得不到所需要的营养素，因而细胞活性降低，各项身体功能也会相应减退，长此以往不仅身体将出现早衰的特征，严重时还会危及身体健康。常见的营养不良问题主要表现在人体对于氨基酸、维生素以及各类微量元素的缺乏。

(二)你的肌肤多少岁

我们的脸是面对世界的第一张名片，情绪的好坏、身体健康状况和其他细小的表现都会在脸上反映出来。一张年轻而充满活力的面容是每个人都想拥有的财富，但是随着时间的流逝，我们的皮肤上刻上了岁月的痕迹，逐渐走向衰老。想知道你的肌肤会告诉人们你现在几岁吗？肌肤，这个最直白的“外交官”到底能为你加分还是减分，我们可以自己来做一个简单的测试。

以下十五道题，选择“是”就加1分，选择“否”就减1分，总成绩加上你现在的年龄就是你展现出来的肌肤年龄哦。

Q1: 你是否抽烟？

Q2: 笑起来时，你的眼角是否有明显的小细纹？

Q3: 你的眉宇之间是否有数列呈“川”字形细纹？

Q4: 你是否每天都食用新鲜蔬菜和水果？

Q5: 每天对着电脑的时间是否超过5小时？

Q6: 你是否一年四季都做好防晒工作？

Q7: 用手触碰脸颊，感觉是否松弛？

Q8: 是否常常不卸妆就直接睡觉了？

Q9: 是否喜爱喝咖啡、浓茶等有色饮料？

Q10: 脸部与身体其他部位的肤色和光滑度是否有明显的差别？

Q11: 除非好好睡上十个小时，不然就无法消除眼周的水肿？

Q12: 在日光灯等强光源照射下，皮肤会显得苍白无血色？

Q13: 皮肤容易过敏，如果更换了护肤品需要很长时间才能适应？

Q14: 每周运动时间不超过5小时？

Q15: 每周在外吃快餐的概率多过在家吃饭？

通过以上十五道问题的测试，你的测试结果到底如何呢？是吓你一跳，原来自己竟然比实际年龄看起来要苍老那么多？还是暗自庆幸，自己的脸还保持着青春逼人的状态？其实无论结果如何，保持肌肤一辈子的年轻水嫩都是我们永恒的心愿。通过肤龄测试我们可以得知，不正确的饮食习惯、不健康的生活作息以及情绪因素，都会影响到我们的肌肤衰老程度。想要拥有青春不老的容颜，首先就要从改善自己的生活习惯开始。保持着坚定的目标和信心，我们的抗衰老战役即将正式开始了。

FIVE MINUTES LESSONS

Study Time

5分钟之抗衰老之技巧私塾

当年龄不断加加加，我们却依旧希望自己的肌肤看起来让年纪小小小，这个矛盾的问题就是各个美容达人孜孜不倦追求的目标。诚实的肌肤会如实的反应出你的生活习惯，保养功课少做一点就会直接损害面子健康。对于抗衰老，你是否已经做好了“打持久战”的准备？接下来我们就要由内而外，对自己的身体做一次彻底的青春蜕变。

(一)抗皱、去皱先锋之精华+按摩

皱纹是青春的第一大敌人。还记得当你某天对着镜子忽然发现了第一道皱纹时惶恐的心情吗? 每一条皱纹的出现都让我们的脸向着衰老靠近一步，对于这种顽固派的敌人，我们只有一个办法，那就是坚决的拒绝、消灭它!

要消灭敌人首先必须了解敌人的来由，皱纹是皮肤开始老化的第一个讯号，它的形成主要来自于人体内部环境的改变。当细胞活性降低，气血运行减缓时，人的各项身体机能相应的也开始变慢，在身体外部就反应为皱纹。要消灭皱纹，首先就必须提高我们身体自身的活性，通过最简单的按摩手法，我们就能迅速为皮肤做一次暖身运动，让细胞活力up起来。

1. 去皱按摩之消除法令纹

攻克目标: 法令纹，嘴角两侧两条深深的表情纹，出卖年龄的头号敌人。

形成原因: 法令纹是一种表情纹，平时常常大笑，表情开怀容易产生皱纹，同时肌肤缺水也会使法令纹进一步加深。

按摩手法: 紧闭嘴唇，两腮鼓起，舌尖在口腔内做顺时针的圆周运动，依次按摩嘴角和两颊的内侧；以掌心摩擦生热后贴于两腮，顺时针转圈按摩，在嘴角的最近处稍微用力按压然后向斜上方提拉，重复10次。

口碑推荐:

HR赫莲娜极致之美升华精华液

强效的抗衰老成分能够快速抚平肌肤上的细纹，高纯度维生素C、玻尿酸营养成分能改善肤质，提高细胞活性。

抗衰老力: ★★★★☆ **吸收力:** ★★★★☆

2. 去皱按摩之平复鱼尾纹

攻克目标: 鱼尾纹，眼角出现的一条条细长如鱼尾的表情纹，在大笑的时候展现得格外明显。

形成原因: 鱼尾纹的形成也多与表情丰富有关，大笑、皱眉都能挤压眼周皮肤，长期累积下来就会形成鱼尾纹，鱼尾纹的出现也预示着皮肤弹性的降低。

按摩手法: 双手中指与无名指并拢伸直，沿着鱼尾纹生长方向向斜上方匀速抹动，重复10次；手掌根部对齐，摩擦发热后贴于眼角，顺时针缓缓上提按摩，重复10次。

口碑推荐:

娇兰恒彩动能紧致高科技眼霜

专门针对眼部轮廓设计，帮助重塑并抚平眼角细纹，提升眼周肌肤的紧致度。

抗衰老力: ★★★★☆ **吸收力:** ★★★★☆

3. 去皱按摩之修复唇纹

攻克目标: 唇纹，尽管这是我们平时很少会注意到的微细皱纹，但是它却严重影响着我们整体面容的年轻程度。润泽柔软的嘴唇会为你的整体面容加分不少。

形成原因: 唇纹的形成多数都与平时保养不得宜有关，缺水干燥、食用辛辣刺激食物都有可能让唇纹不断加深。

按摩手法: 食指和中指以指肚力量轻柔的沿着嘴唇进行有节奏的敲击按摩，从上到下顺时针转动5次；食指弯曲，以侧面按压嘴唇10次。

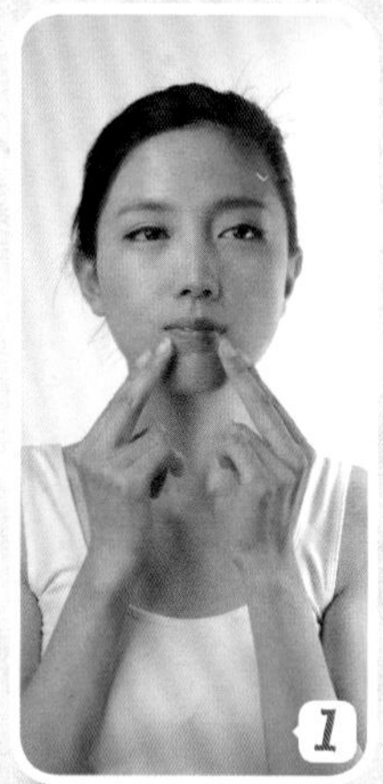

口碑推荐:

Fancl无添加 护唇精华素

高度保湿的氨基酸成分，能有效渗透至肌肤底层，特有强化黏膜功效，保持唇部的长效滋润状态。

抗衰老力: ★★★☆☆

吸收力: ★★★★☆

4. 去皱按摩之消灭面部小细纹

攻克目标: 面部小细纹，出现在脸周各处的“游击分子”，在嘴角、两颊和腮边均会出现的微细皱纹，破坏整体面部的柔润弹性光泽。

形成原因: 当脸周细胞弹性降低，以及对脸周肌肤的保湿功夫做得不到家时，它们就会趁机跑出来作乱。

按摩手法: 头慢慢向后仰到身体可承受的极限，然后再缓缓向前倾，重复5次；双手掌心相对摩擦发热后，贴于面部做大面积的向上提拉按摩动作，重复10次。

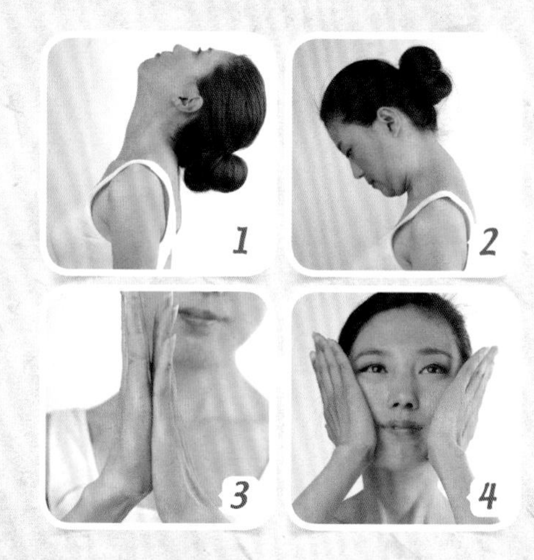

口碑推荐:

兰蔻 立体塑颜晚霜

为面部打造全方位的营养呵护，针对改善表情纹和各类细小皱纹。高强度的保湿因子和营养素能深入渗透肌肤，带来强力的肤质改观。

抗衰老力: ★★★★☆

吸收力: ★★★☆☆

以上这些按摩手法，都只需要占用几分钟的闲暇时间，却能对我们的肌肤进行翻天覆地的改变。正如细纹的形成是一个长期过程一样，改善和修复这些皱纹也需要我们用耐心，长时间的进行有针对性的改善，只要持之以恒，皱纹一定会离我们的脸越来越远!

(二)迷人美颈，打破年龄机密

面部的细纹会在第一时间影响你的年龄印象，但是颈部的细纹却是在不经意中透露你的年龄秘密。有很多人会花费大量时间和精力进行面部的抗皱和除皱，却往往忽略了与之息息相关的颈部护理。其实颈部的皱纹一旦形成，在视觉上更容易影响其他人对你年龄的判断，因此，呵护迷人美颈，绝对刻不容缓。

颈纹形成的原因多种多样，但是追溯其根本，始终还是落在肥胖和习惯性的小动作两个方面。身体的肥胖容易在肩颈部位累积脂肪，常年的脂肪堆积让颈部负担加重，从而出现细纹。而习惯动作如低头含胸等，则更容易日积月累的让颈纹爬上原本光洁的颈部。想要拥有光滑无瑕的颈部肌肤，日常的保养功夫就一定不能马虎。

1. 美颈保养之基础篇

颈部的日常保养在很大程度上决定着颈部肌肤的优质程度。许多不经意的习惯动作可能就会让美颈留下痕迹，因此，我们在日常生活中，要时刻注意自己的仪态举止。如不要长时间的保持低头动作，改善不正确的坐立姿势等。而当我们在涂抹基础保养品的同时，也不要忽略颈部的肌肤。

日常保养小贴士：

○1在洗澡的时候，以冷热水交替的形式冲洗颈部皮肤，可以刺激血液循环，激发细胞活性。
○2工作一段时间之后，定时进行一些简单的肩颈运动，可以让颈部保持长时间的活力。

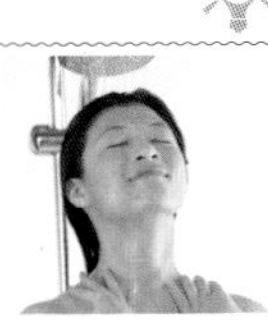

2. 美颈保养之深度篇

因为颈部经常裸露在外，所以对它的保养是一个不可忽略的重要步骤。有人会说，我们在涂抹护肤品的时候将面部护肤品顺便涂在颈部是不是就算完成了对颈部的保养？答案是否定的，颈部血管汇集，皮肤比面部肌肤要薄，因此在保养时，更应该注重选择一些颈部专用的乳霜、精华素以及颈膜等，帮助保持颈部肌肤的健康。

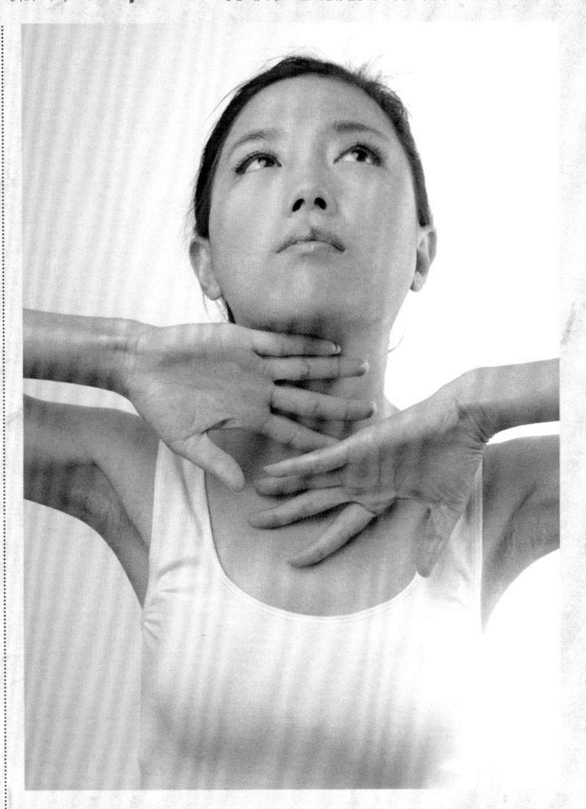

口碑推荐

经济型：佰草集护颈霜

纯天然植物配方，草本精粹成分帮助补充细胞养分，修复受损肌肤。

修复力：★★★☆☆

吸收力：★★★☆☆

品质型：迪奥颈膊专用紧致水凝乳

清爽无油的配方帮助营养成分能够更好的被肌肤吸收，超凡紧致配方有效收紧肌肤，塑造年轻的颈部线条。

修复力：★★★★☆

吸收力：★★★☆☆

（三）天天5分钟 有氧巧运动

我们身体内的细胞每时每刻都在进行着新陈代谢，不断将废物排出体外，为身体注入新活能量。良好的新陈代谢速率也是衡量人体是否衰老的一个重要标识。那么，怎样才能好好保护身体的新陈代谢，随时维持一个积极健康的代谢状态呢？除了保持良好的生活习惯外，适量的运动也必不可少。而在众多的运动形式中，有氧运动对于提高新陈代谢活性，增强各器官的功能最有裨益。爱美的你如果想要拥有一个良好的身体环境，就赶快来学习一些有效的有氧运动知识吧。

1. 有氧运动小阐述

有氧运动又被称为有氧代谢运动，顾名思义就是要在有氧代谢的状态下运动。通常来说也就是在运动中人体吸入的氧气量足够维持生理正常需求，达到一种平衡状态。要达到这种平衡，需要运动时间一般持续15分钟以上，运动强度保持在中等以上。充分的有氧运动可以使血液循环和呼吸系统得到良好的刺激，让身体各器官都得到充分的氧气供应，从而提升身体和细胞的活性。

2. 有氧运动的种类

有氧运动的基本要素就是运动时间持续15分钟以上，在运动过程中，心率保持在170－年龄≥110次/分钟的运动。常见易学的有氧运动主要有慢跑、游泳、骑自行车、健步走、有氧健身操、搏击等等。

3. 有氧运动小贴士

虽然有氧运动对于我们的身体益处很多，但是如果你是一个常常不锻炼的人，或者体能不太好的人，那么在锻炼之前都要做好充分的准备，牢记以下几个运动要领：

（1）事前暖身要充分：在进行运动之前，先进行一些基本的暖身运动有助于更快的融入运动状态中，如拉伸一下韧带，活动关节，伸展腰背肌肉等都是十分简单易行的暖身运动。

（2）持续时间应不少于15分钟。为了充分达到有氧运动的目的，每次锻炼的时间最低不应少于15分钟，视身体状况可持续1~2小时每次。

(3)注意观测自己的身体变化。如果出现心率不稳，呼吸困难等现象，说明运动强度过大，应及时停下来休息；相反，如果运动过程中始终心率平稳，未感受到明显疲惫，则说明运动强度尚未达到有氧标准，可进行进一步的加强。

(4)保持循序渐进、乐观前进的心态。也许你第一次运动时坚持不了太长时间，或许你本身就不擅长运动，这些都不是你灰心放弃的理由。要知道运动本身就是一个循序渐进的过程，根据自己的身体状况制定适宜的锻炼计划，很快就能改善自己原本的体质哦。

4. 抗衰老有氧运动大集合

说了这么多有氧运动的好处之后，接下来我们就要来分析一下，到底哪些有氧运动适合正在抗衰老战斗中的你？前面我们已经提到，衰老的本源在于体内代谢速度的减缓，为此，我们首先就要选择一些能够快速提高身体代谢率，增强体质的运动。

(1)运动抗衰老之游泳

游泳是对付衰老最为有效的运动之一，在游泳过程中水流的压力和阻力将对人体的心血管起到一定的积极作用，经常坚持游泳锻炼还能有效改善人体血液循环，提高血管弹性，同时还能增强呼吸系统工作动力，长期游泳更能修塑体型，维持苗条健康的身材。这些好处对于美容养颜都具有明显的效果。

(2)运动抗衰老之普拉提

普拉提运动最大的好处在于可以让全身的骨骼和肌肉得到有效的舒展和拉伸，帮助对长时间伏案劳损的腰椎和脊椎进行康复训练。同时，普拉提运动对于纾解女性工作和家庭带来的心理压力具有积极的作用，经常进行普拉提锻炼不仅可以雕塑体型，也有助于心灵释放。

(3)抗衰老运动之动力单车

单车运动是一种简单易行的高效运动，通过对大腿肌肉群和腰部力量的训练，能够缓解下半身水肿、肥胖的现象。同时，动力单车也是一项高强度的有氧运动，在很短时间内就能让身体迅速释放大量能量，达到有氧运动的目的。

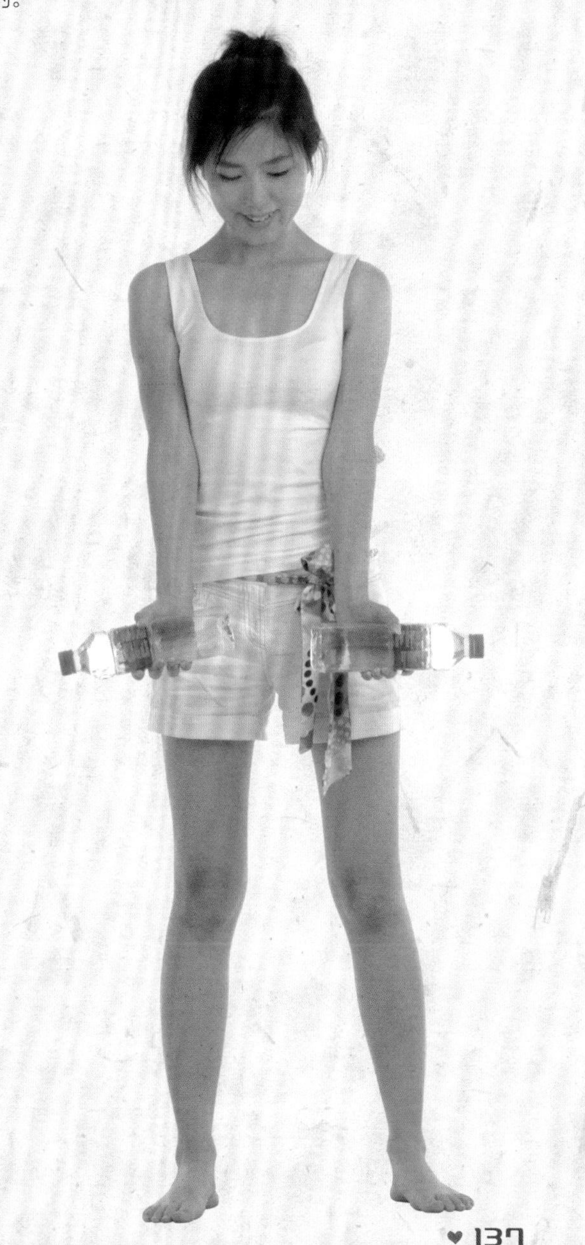

（四）抗氧化专享篇

一只苹果咬一口之后静置在空气中，创面很快就会腐败；香蕉剥皮之后暴露在空气里，果肉就会迅速发黑，这些都是过度氧化带来的后果。我们的身体也是一样，过度的氧化过程耗费了身体大量的能量，让我们的细胞快速走向老化衰亡。过度氧化同样也是抗衰老的大敌，要解决这个问题，首先我们就要来分析一下它的成因。

1. 身体细胞的氧化原因

细胞发生氧化的原因多种多样，在现代社会中生活的我们几乎时时刻刻都在面临着过度氧化的局面。手机辐射、电磁波、紫外线和受污染空气都是直接诱发身体高速氧化的“杀手”，而不健康的饮食习惯，快餐和油炸食物等高热高脂食品的摄入，也进一步加快着体内细胞的氧化速度。长此以往，过度氧化现象就直接反映在了我们的脸上：皮肤暗淡无光泽，缺水干燥等都是过度氧化造成的恶果。

2. 如何防止过度氧化

要防止身体细胞的过度氧化，首先就要增加体内抗氧化物质的数量。抗氧化物质能够清除体内的自由基，并且修复自由基氧化后带来的副作用。而这些抗氧化物质，有人体自身合成的，也有通过食物摄取的，因此，我们一方面需要加强身体的锻炼；另一方面则需要大量摄取能够合成抗氧化物质的食物，帮助身体更好的抵抗氧化现象。

3. 常见的抗氧化物质

（1）维生素群

维生素是人体重要的抗氧化物质之一，根据研究发现，维生素C和维生素E是机体所需的最为重要的抗氧化物质。

（2）微量元素

微量元素尽管需求量微乎其微，但是其产生的重要作用却是其他营养物质所无法取代的。微量元素硒是人体中抗氧化系统的重要组成物质，具有重要的抗氧化效用。

（3）辅酶Q10

辅酶Q是机体中所有使用氧的细胞的必要组成部分，可以减少心脏和肌肉中自由基的生成，因此适量补充辅酶Q可以有效防止机体氧化作用的发生。

为了提升机体抗衰老的能力，充分的运动锻炼和营养摄取缺一不可，虽然抗氧化物质看起来种类不多，但是我们日常生活中经常食用的含有这些物质的食物却是多种多样的。在饮食当中如果能够合理的增加这些抗氧化食物的摄取，就能轻轻松松的为机体补充大量的抗氧化“卫士”啦。

4. 抗衰老食物大调查

(1)水果

水果中含有丰富的维生素和果糖等成分，对于人体具有多重益处，对于机体抗氧化而言，最适宜的水果有葡萄、柚子等。这些营养丰富的水果在为机体补充维生素的同时，还能直接调理肌肤含水量，保持肌肤水润，实在一举两得。

(2)饮品

绿茶、蜂蜜等。茶叶的抗氧化作用一直以来就广为人们称道，而蜂蜜中含有的大量生育酚、β一胡罗卜素等都是重要的抗氧化剂。

(3)肉类

鱼肉中含有丰富的蛋白质和氨基酸，有助于维持机体活性，常吃鱼肉还能为皮肤补充丰富的胶原蛋白，增强皮肤弹性。

除了这些，当然也不能忘记我们最重要的美容保养，身体吃饱了也要让皮肤饱饱的吃一顿营养品。通常而言，蕴含有维生素E、SOD等成分的保养品都具有抗氧化的功效，我们在选择的时候，主要可以根据自己的肤质状况进行挑选，配合一些抗皱产品共同使用，为肌肤的抗衰老一起补充能量。

5. 抗氧化产品

日常的抗氧化从基础护理就已经开始了，使用含有天然植物成分的抗氧化基础护肤品，可以让肌肤的衰老脚步延迟再延迟，而长效精华产品的使用，则能令肌肤收获更丰富的养分，长久保持年轻状态。

口碑推荐

经济型：倩碧持久活肤滋养日霜

这款清新型的滋养霜主要为肌肤补充日常所需养分，同时具有防晒效果，质地清爽，适合中性偏油性肌肤的美眉选用。

滋润度：★★★☆☆

抗氧化力：★★★☆☆

品质型：雅诗兰黛鲜活营养精华水

蕴含天然红石榴精华，将肌肤的暗沉、色斑等肤质问题一网打尽，丰富的维生素成分营养肌肤同时能够活化细胞，为肌肤增加鲜活养分。

滋润度：★★★☆☆

抗氧化力：★★★★☆

（五）全身心抗老之身体篇

很多人都有这样一个认识，在年轻时，我们可以整夜通宵的不睡觉，第二天依旧活力充沛，但是随着年龄增长之后，体力就逐渐开始走下坡路。疲惫、劳累的状态开始如影随形，身体渐渐失去往日的活力。当我们全面拒绝衰老来临的时候，保持一个充满活力的身体状态绝对是先决条件。

1. 年轻体态的十大特征

○1良好的身体代谢频率；

○2气色红润，血气旺盛；

○3不易疲劳，也容易恢复精力；

○4心明眼亮，精神饱满；

○5指甲、头发均自然有光泽；

○6肢体柔软容易舒展；

○7肩颈、腰椎健康；

○8耐力好；

○9更换了新的环境、护肤产品、饮食后能够快速适应；

○10皮肤紧致、有弹性。

以上的十个年轻体态特征中，你占据了几个呢？其实，年轻的体态和年龄并不是一定完全符合的，随着年龄增长体态也未必就会呈现出衰老的征兆。要拥有充满活力的健康体魄，内外兼修是必不可少的功课。对内，要保持良好的生活习惯，合理搭配膳食，摄取充足的营养物质；对外，则需要坚持锻炼身体，帮助机体长时间保持活动状态，从而使身体各部分机能良好运转。对于人来说，要想获得年轻美丽，许多良好的习惯必须长期坚持。

2. 必须坚持的抗衰老小习惯

（1）保护牙齿

我们的牙齿在从乳牙更换为成牙之后，就将陪伴我们一生。养成良好的护牙习惯，就是好好呵护这个要陪伴我们一生的伙伴。坚持早晚刷牙，饭后漱口，对牙齿健康有着重要的意义。

（2）坚持运动

我们的身体就像一台性能完备的机器，如果长时间不使用就容易“生锈”和阻塞，运动是最天然的营养剂，帮助身体时刻保持最佳状态。在不同的年龄段，不妨根据自己的身体状况选择适合的运动，一项好的运动习惯不仅能帮你保持体态，更能为心情加分不少。

（3）认真护发

头发和牙齿一样能够直观反映你的身体健康和年龄秘密，经常梳理头发，按摩头皮有助于帮你养护一头浓密健康的秀发。

（六）全身心抗老之心灵篇

我们的身体有一个年龄，心灵也同样有一个年龄。这两个年龄有时很接近有时却又会天差地别。生理年龄是我们不能修改的数字，但是心灵年龄却是能够通过努力改变的。健康年轻的心态不仅可以让你拥有更好的心理健康，也能反映在身体上，让你拥有更加年轻的体态。

想知道你的心理年龄是多少岁吗？那就让我们一起来做一个小测试，为你的心灵把把脉吧。

心理年龄小测试：选择“是”减1分，选择“否”加1分，最后结果为实际年龄+得分。

1. 你是否乐于尝试新鲜事物？
2. 你更喜欢和朋友们相聚而不是一个人安静的独处？
3. 谈及欢乐的时光，你觉得期待未来胜过缅怀往日？
4. 你是否觉得自己仍然需要学习和进步？
5. 对于未来，你觉得一切仍然还有很大空间而非已经固定？
6. 你更容易交到比自己年纪小的朋友？

你是否已经发现，上面的测试实际上也是一个你目前的生活习惯小清单，如果你对生活依旧充满热情和希望，并且乐于积极尝试新鲜事物，那么这种自然乐观的心态呈现于面部就是开朗而年轻的容貌；相反，如果你已经失去了对未知事物的探索欲，反应在脸上就是一副成熟并逐步走向衰老的姿态。人的心态在很大程度上影响了容貌给人带来的印象。抵抗衰老不止需要身体力行，更需要我们时刻为心灵充电。

心灵充电之音乐疗法

优美的音乐能够放松大脑，让人全身心的沉浸入音乐带来的世界里。优雅的轻音乐，浪漫的爵士乐、活力十足的摇滚乐……每天不妨抽出十分钟时间，找一把舒服的椅子坐下，安静享受一段自己最爱的旋律，不仅可以按摩疲惫的神经，也能激发你体内潜在的“年轻因子”。

心灵充电之旅行疗法

到远方去，熟悉的地方没有风景。你可能早就习惯了每天上班下班一成不变的线路，逐渐变得麻木。那就找个假期背起行囊，去看看别处的风景。壮丽的名山大川，秀美的水乡风光……让旅途为你打开一片全新的天地，爱上行走的乐趣。

5分钟之

抗衰老美食私房菜

你是否相信，食物不仅可以为我们补充身体能量，还可以充当人体的“营养美容师”哦；你是否相信，皱纹、斑点以及暗沉肤色都可以通过食物“吃出去”？不要小看你每天简单的一日三餐，那里面可是有着你想象不到的精彩学问。民间的美容达人们没有昂贵的护肤品，也没有接受激光灯危险手术，蔬菜、水果这些纯天然的美容圣品就足够搞定你健康年轻的需求，吃出个美丽未来。

(一)抗老先锋之饮食

打开地图，让我们先来做一个美食发现之旅：为什么人们总说川湘地区出美人？分析他们的饮食特征，辣椒、花椒等调料的大量运用，能够充分刺激人体血液循环，补充足够的气血，皮肤自然会呈现健康光泽；为什么人们常发现沿海地区的人不易老？看看他们的日常菜单，海鱼、海虾、海藻中含有丰富的卵磷脂和氨基酸，帮助修复衰老细胞提供源源动力；为什么人们羡慕山区长寿老人多？找一找那里的特产饮食，纯天然的野生菌，无污染的农家蔬菜，都能为身体带来更多健康营养。

说了这么多，你会发现，只要合理得宜的饮食就会为身体带来健康的营养素，帮助身体更加高效率的运转。那么，什么样的饮食才称得上具有抗衰老的效果呢？先别着急寻找某一种"灵丹妙药"，通过充分的科学研究已经论证，正确的食物必须加上合理的膳食习惯，才能起到良好的抗衰老作用。

1. 正确的抗衰老饮食习惯

(1)抗老饮食之营养早餐不能少

我们的身体新陈代谢随着我们的日常作息而调整频率，每天早起后，新陈代谢会随着人的清醒而逐渐加快。这个时候，如果能够摄取一顿足够营养丰富的早餐，绝对可以大大加速身体新陈代谢的速度。许多年轻美眉为了减肥而不吃早餐，其实正是在遏制你身体中的新陈代谢，让脂肪无法燃烧。

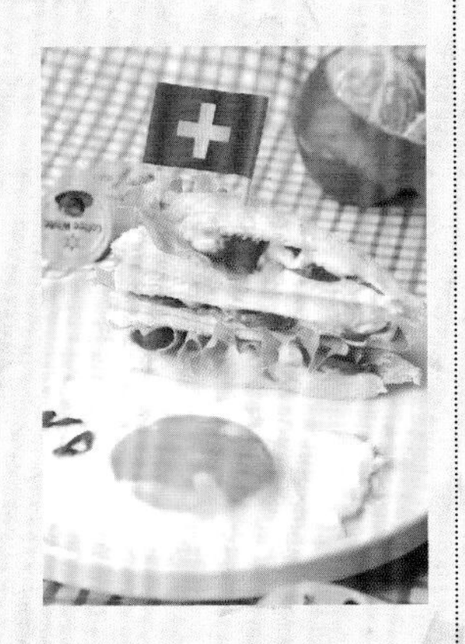

(2)抗老饮食之饮水增加能动力

水是最健康的抗衰老饮料之一，充分的饮水能够为身体补充体液，加速血管微循环。通常来说，在起床后、饭前以及午后大量饮水，都能迅速将身体调整至活跃的状态。每天的合理饮水量应不低于1升，并且最好是以白开水、矿物质水为主，避免含糖量高的饮料等。同时，聪明的喝水还有一些小窍门可以参考，不要等到渴了再去喝水，运动过后可以补充一些带有无机盐和电解质的饮水，为身体在各个不同状态下都带来充足的"水动力"。

(3)抗老饮食之少吃多餐更合宜

经过科学家研究发现，每顿饭比正常量少吃20%可能更有助于保持身体健康。经实验结果表明，每顿饭比正常量少摄取部分卡路里之后，身体内的胰岛素和身体温度都有不同程度的降低，而这些特征都是长寿人群所拥有的共同特性。因此，尝试控制饮食对于抗老化也是一个不错的选择，避免每顿饭都把自己喂得过饱，偶尔吃个80%的量更能让身体轻松运转。

(4)抗老饮食之睡眠、运动一个也不能少

睡觉是器官充分休息，人体恢复动力的重要休憩方式，如果睡眠不足，身体就会释放大量抗压激素，这些激素会减缓人体新陈代谢的速度，导致脂肪的堆积。保证每天7~8小时的睡眠对于渴望健康的你是必不可少的。而跟睡眠同样具有重要作用的是运动，运动也是刺激新陈代谢的好方法，为了让你更有动力的抗衰老，充分休息和运动后的进餐才能更加事半功倍。

现在你已经了解了良好生活习惯会为抗衰老带来的作用，现在我们就要系统的学习一下怎样为自己烹制更健康的抗老食物。中国饮食文化源远流长，而近年来随着物资丰富，世界各国的美食也逐渐端上了我们的餐桌。到底哪些饮食烹饪方法更适合我们抗衰老呢？

2. 爱美的你一定要好好把握的几个原则

(1)抗老烹饪原则之保留食物营养素

蔬菜、水果中含有大量的天然维生素，这些维生素在高温加热过程中极易流失，因此在烹饪中对于某些蔬果，不妨采取凉拌、生吃等方法，尽可能留住它们的天然营养。

(2)抗老烹饪原则之不可过食油腻

油脂是阻碍心血管循环，增厚血管内壁，引发高血压、高血脂的重要原因。尤其是想要烹饪健康饮食的我们，一定要拒绝过度油腻的食物。采用清蒸、炖煮等方法来制作菜肴，如油炸、烘烤等方式更能保存食物的养分。

当我们充分掌握了这些健康饮食习惯和烹饪原则之后，就可以正式开始一段抗衰老的美食之旅了，你准备好了吗？

（二）10种让你保持年轻的食物

美味的食物诱惑了我们的胃，尤其是吃下去之后还能为肌肤提供年轻能量的食物，当然更能引起我们的食欲。很多食物中都含有帮助保持年轻的营养成分，以下我们就列举出10种常见的年轻态食物，在日常饮食中它们都是非常容易被烹调的好选择。坚持食用这些健康营养的食物，一定会为你的身体带来意想不到的年轻改变。

1. 西兰花

西兰花里含有大量维生素C和胡萝卜素，是最好的抗氧化和抗癌食物之一。并且，西兰花味道甘甜清脆，钙质的含量也十分丰富，长期食用对于女性骨骼健康也有裨益。

2. 鱼类

鱼类中含有丰富的优质蛋白质，能够修复受损细胞，回复细胞纤维的弹性。长期食用鱼肉不仅低脂低热，还能补充大量蛋白质和营养。

3. 豆腐

豆腐中含有大量植物蛋白，同样能为人体带来充分的蛋白质。而豆类中的异黄酮素对于女性生理健康格外有帮助作用，能够减少乳腺疾病的发生。

4. 洋葱

洋葱中含有丰富的锌元素，同时还具有清血降脂的功效，对于人体好处极多。常吃洋葱能够让身体血液循环变得更加健康。

5. 鸡皮

中医一直将鸡皮奉为美容圣品，鸡皮性温，具有健脾益气的功效，尤其适合女性食用，它丰富的胶原蛋白含量也能够修复无光泽的皮肤细胞，带来弹性润泽的效果。

6. 冬瓜

冬瓜中含有大量维生素C，能够抗氧化，提供细胞必需的弹力素，常吃冬瓜还可以消除水肿，让身体畅通。

7.鸡蛋

鸡蛋中含有大量动物蛋白，温和健胃。同时，研究学家发现鸡蛋对于防治女性乳腺癌有着非凡的功效，每天进食一枚鸡蛋，可以抵御乳腺疾病的风险，保持健康细腻的肤质。

8.燕麦

燕麦营养丰富味道甜美，是女性爱吃的谷物之一。燕麦几乎具备有全部人体所需的强力营养素，如植物蛋白、维生素以及丰富的膳食纤维等。食用燕麦粥能够有效降低人体胆固醇的含量，让血液健康。

9.猪肝

猪肝中含有一般肉类中所不具备的维生素C和微量元素硒，经常食用可以补肝明目，益气养血，为女性身体带来优质的营养成分。

10.圆白菜

圆白菜中维生素的含量众多，仅维生素C的含量就远远超出其他蔬菜，具有强效抗氧化作用。常吃圆白菜还具有杀菌消毒的作用，能够防治呼吸系统疾病。新鲜圆白菜榨汁食用，可以增强女性免疫力。

推荐食谱一：西兰花炒鸡丁

{材料}：

西兰花500克，鸡胸脯肉200克，胡萝卜50克，蒜片、盐、白糖、花生油、香油、生抽、料酒、淀粉各适量。

{制作}：

○1西兰花洗净，掰成小朵；鸡胸脯肉洗净，切成丁；胡萝卜洗净，去皮后切成片。

○2把切好的鸡肉丁放入盆中，加入适量的盐、生抽和淀粉，抓匀后腌制20分钟。

○3锅内放入适量的清水，烧沸后放入西兰花，焯至将熟捞出，沥干水分。再次烧沸后，放入切好的胡萝卜片，略焯一下后捞出，沥干水分备用。

○4炒锅放油烧热，当油温七成热的时候，放入切好的蒜末爆炒。出香味后，放入腌制好的鸡丁滑散，接着放入焯好的西兰花和胡萝卜片，加入适量的盐、白糖、生抽和鸡精，翻炒均匀后滴上数滴香油，即可出锅盛盘上桌。

美肌Tips:

西兰花补充维生素，鸡肉补充蛋白质，并且此菜热量低、营养丰富，是一道味美易做的美容菜。

推荐食谱二：萝卜丝炖鲫鱼

{材料}：

新鲜鲫鱼一条，白萝卜一个，葱、姜、蒜各少许。

{制作}：

○1鲫鱼洗净划花刀，以葱姜腌制片刻；白萝卜洗净切成丝。

○2锅内放少许油，烧热后下入葱、姜、蒜翻炒出香味，将鲫鱼投入，两面煎至微黄；加入500毫升热水，大火煮沸后改小火。

○3待鱼和萝卜丝炖至熟软即可食用。

美肌Tips:

鲫鱼含有多样化的蛋白质，能够为身体带来充分的养分。

推荐食谱三：热炒猪肝

{材料}：

新鲜猪肝300克，青椒2个，洋葱1/2个，葱末、姜末、蒜末、油、料酒、盐、淀粉各适量。

{制作}：

○1猪肝洗净后切成薄片；青椒去蒂，洗净切片；洋葱洗净切片。

○2猪肝加少许盐、料酒抓拌均匀。

○3锅内放油，放入葱、姜、蒜末爆香，再放入猪肝滑炒至变色。

○4加入青椒、洋葱同炒片刻，放少许盐，淋少许料酒即可起锅。

美肌Tips:

猪肝营养丰富，青椒、洋葱具有抗氧化作用，常吃可以抵抗女性衰老。

（三）喝出来的年轻

食物为身体提供了热量和养分，饮料则为身体微循环创造动力。在日常生活中，饮与食总是相对出现，共同承担着饮食健康的重任。前面我们提到了很多“吃”的学问，现在就要来系统的了解一下“喝”的知识。

人体中有70%的组成部分是水，这就决定了水在我们生命中的绝对重要地位。除了我们平时喝下去的水和各种饮料，食物中也含有大量水分可以为人体所摄取。那么，怎样喝水才能既补充了营养，又不会过量呢？

1. 补充水分时要记住三个小原则

（1）少量多次最重要

千万不要等到渴了再去喝水，那个时候你的身体已经处于缺水的状态了。最好的饮水方法就是按时少量的饮水。每隔1~2小时，就主动喝500毫升左右的水，能让机体长期处于丰富的水循环作用力之下，充满活力。

（2）有的放矢巧补水

水并不单单是指白开水，各种茶类、咖啡、果蔬汁、牛奶等也都属于我们日常需要补充的水源范畴之内。根据身体的不同需求，我们可以适量的补充不同的水分。当运动过后，最好是来一杯含有丰富电解质的矿物水，而睡觉前饮用一杯牛奶，也有很好的助眠效果。

（3）摄取水分有比重

一味的贪喝甜果汁、汽水可不是在为人体补水，很有可能这些高糖分饮料还会让你体内水分流失！生活中最常用的补水饮料还是以白开水为最佳，如果一定要喝果汁等，最好是选择无糖的鲜榨果汁。

了解了喝水的知识之后，接下来你可能会问，什么样的水能够让我们变得年轻呢？这样的“神仙水”的确是存在的，并且在我们日常生活中还随处可见。坚持常喝健康饮品，不仅能让身体补充足够的营养，还能喝出健康，喝出年轻。

2. 强力推荐的几种健康饮品

（1）年轻态饮品之：茶叶

茶文化在中国流传已有数千年历史，茶叶中含有丰富的氨基酸和茶多酚，能够呵护心血管健康，维持人体年轻状态。茶的种类多种多样，其中绿茶的抗氧化作用更是首屈一指，具有强效的抗衰老作用。

不仅提供人体高效的抗氧化剂，绿茶同时也为现代女性的美容事业添加了许多助力。研究表明，常喝绿茶可以抗电脑辐射，对于经常使用电脑办公的女性而言，常喝绿茶能够对抗电脑辐射带来的污染和色斑等困扰，维持肌肤年轻状态。

（2）年轻态饮品之：酸奶

酸奶是深受女性热爱的饮品之一，它丰富的营养和美味的滋味都为女性带来了营养和快乐的双重享受。酸奶具有营养、美容和保健等多重功效，乳酸菌因子能刺激肠胃，保持身体通畅；丰富的维生素成分帮助身体抗氧化因子生成，让肌肤更加年轻；而丰富的钙质则帮助强健骨骼，增加机体免疫力。总体说来，酸奶中的营养成分十分丰富，女性常喝酸奶好处十分多。

（3）年轻态饮品之：鲜榨果汁

嫌吃水果太麻烦，来一杯果汁肯定是个好选择，并且不少果汁在压榨时会连皮一起放入榨汁机，饮用时就能将果皮的营养也毫不浪费的喝下去了。果汁中的维生素能够让肌肤光润年轻，常喝果汁还能抵抗感冒等病毒袭击，强身健体。

（4）年轻态饮品之：豆浆

豆浆又被称为“植物牛奶”，对于女性来说，这又是一款不可多得的美容饮料。豆浆对不同年龄段的女性均具有良好的美容保健作用，喝豆浆可以有效淡化色斑，维持肌肤白皙状态；同时，豆浆还能调理女性内分泌，帮助延缓衰老；豆浆中的异黄酮和卵磷脂都是天然的雌激素补充剂，让女人越喝越年轻。

（5）年轻态饮品之：红酒

红酒是深受现代女性喜爱的饮品之一，它含有丰富的丹宁、维生素，为人体提供抗氧化剂，帮助延缓衰老。红酒中的酚类物质可以防止血液中毒素的产生，维持体态；同时红酒还具有活血作用，能够保持女性的肌肤健康光泽；早晚喝点红酒，可以温暖身体，提高身体的新陈代谢效率，是一款美容养颜的饮品。

FIVE MINUTES LESSONS

Be Educated! Study Time

5分钟之抗老DIY学院

从来就没有丑女人，只有懒女人，DIY学院旨在指导现代女性运用科学武器，为自己的美丽事业添砖加瓦。岁月的流逝不足以让我们失去青春无瑕的美貌，时间的利刃也不会让我们年轻的肌肤留下痕迹。这些美好的梦想可不仅仅只是梦想，抗老DIY学院，就是要让我们拿起自信这个武器，为自己的肌肤减去年龄、岁月的封锁，重获年轻的新生。

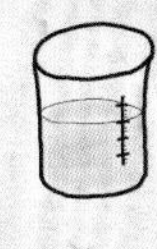

(一)抗老面膜之妖精篇

如果要为衰老的肌肤下一个定义，那么我们可能会想起如下的关键词：松弛、暗哑、无光泽、细纹……这些细小的岁月痕迹在不经意间出现在我们的脸上，一点点将肌肤年龄加上了触目惊心的数字。好在我们拥有现代派的美容武——面膜，这个肌肤的急救法宝总是能临危受命，帮助皮肤获取最适宜的快捷营养。

要选择正确的面膜产品，首先就要分析一下你的肌肤问题，对症下药一一解决。昂贵精致的美容护肤品与纯天然的植物萃取物，我们都要拥有。现在就来看看你的肌肤问题诊疗结果，开一张不老容颜的妖精处方吧。

1. 抗老化肌肤之松弛

病理描述：松弛的皮肤失去弹性，那是因为细胞中的胶原蛋白不断减少，细胞活性降低，于是底层细胞新生速度减慢，让皮肤渐渐不再紧致，变得松弛。

妖精处方：要对抗松弛的肌肤，补充胶原蛋白的含量是首要问题，通过精华的渗透作用，先让细胞喝足“营养素”，然后再刺激细胞活化新生。

口碑推荐

经济型：玉兰油Olay蛋白面膜

含有蛋白营养成分，为肌肤补充丰富胶原蛋白，提升细胞活性。同时有效美白肌肤。

营养度：★★★☆☆

抗老化程度：★★★☆☆

品质型：Fancl双胶原紧致面膜

丰富胶原蛋白配合精华原液，能够快速渗透肌肤底层，带来意想不到的能量动力。紧致肌肤的同时亮白肤色，为肌肤提供动力源泉。

营养度：★★★☆☆

抗老化程度：★★★★☆

DIY妖精面膜

蜂蜜蛋白活肤面膜

材料：蜂蜜5克，蛋清1个，蛋白粉3克，醋少许。

制作：将上述材料搅匀，均匀的敷于面部，停留15分钟后洗去。

功效：蛋清紧致肌肤，蜂蜜滋润营养，两者共同作用后有提亮肤色，增强肌肤弹性的功效。

2. 抗老化肌肤之暗哑

病理描述：当肌肤细胞失去水分和营养，就会渐渐变得萎缩，反映在面部则会显现出暗哑无光泽的肤色，影响视觉美观效果。

妖精处方：抗黯哑的肤色当务之急就是先拯救无活性的肌底细胞，先为细胞补充能量，自然就能让肌肤重获年轻光泽。

口碑推荐

经济型：欧莱雅雪颜面膜

柔润的美白与紧致双重作用力，共同为肌肤提升活化力量，高效保湿因子回复细胞能量同时提亮肤色。

营养度：★★★☆☆

抗老化程度：★★★☆☆

品质型：香奈儿Chanel焕彩面膜

高品质美白因子和保湿因子强效渗透，在肌肤底层形成营养膜，源源不断的注入细胞能量，让肌肤呈现自然年轻的光彩。

营养度：★★★★★

抗老化程度：★★★☆☆

DIY妖精面膜
芦荟珍珠焕颜亮肤面膜

材料：新鲜芦荟20克，珍珠粉5克，牛奶50毫升。

制作：将芦荟切片和牛奶共同打成混合汁，调入珍珠粉拌匀。将无纺布面膜浸入芦荟珍珠汁液中浸泡20分钟敷于面部，静置10分钟取下。

功效：保湿、美白于一体的天然营养素，能够迅速深入肌肤，提供营养。

3. 抗老化肌肤之细纹

病理描述：随着肌肤老化程度加深，皮肤上开始出现各种细纹和斑痕，严重影响肌肤质感。多种岁月问题将肌肤的活性不断降低，形成衰老肌肤特质。

妖精处方：抗多种岁月痕迹需要高营养的多效修护产品，针对各种肌肤问题一一击破。高浓度的精华原液和高纯度的植物元素均能有效为肌肤快速补充营养，抚平岁月痕迹。

口碑推荐

经济型：玉兰油Olay7合一多效修护面膜

抗多种岁月痕迹问题，将色斑、细纹、暗哑全部扫除，为肌肤带来年轻活力。

营养度：★★★★☆

抗老化程度：★★★☆☆

品质型：兰蔻 精华肌底面膜

小黑瓶家族的明星产品，具有5大瞬时修复功效，浓厚的精华原液配合快速渗透配方，让肌肤喝饱营养。

营养度：★★★★☆

抗老化程度：★★★★☆

DIY妖精面膜
红酒葡萄活肤面膜

材料：鲜葡萄20克，红酒10毫升。

制作：葡萄连皮带籽一起榨汁，与红酒充分混合后浸入纸面膜，将面膜敷于面部，静置15分钟。

功效：葡萄和红酒的强强氧化作用合二为一，为肌肤带来清新能量，有效美白修复肌肤问题。

（二）抗衰老面霜的明星因子及要素

翻开时尚杂志、打开电视美容节目，抗衰老的话题总是不断出现。看看明星们的无龄肌肤，不老神话呼之欲出。其实就抗衰老而言，最大的法宝还是在于每天坚持做保养，化妆水、乳液、面霜、精华一层层为肌肤导入鲜活营养。尤其是面霜，虽然看起来很平常，但是却是肌肤不可缺少的“正餐”。面膜和精华虽然能够快速提供养分，但是循序渐进的护肤过程中还是由面霜作为主角，下面我们就先来看一看，抗衰老面霜的几大优势成分。

1. 抗老因子之胶原蛋白

胶原蛋白是一种生物性高分子物质，它能够结合细胞组织，提供细胞所需的营养物质蛋白质，增强细胞弹性，重现肌肤年轻特性。

口碑推荐

经济型：兰侬胶原蛋白面霜

来自新西兰的深海能量物质，为肌肤补充海洋胶原蛋白营养，提供丰富水养成分。

营养度：★★★☆☆

抗老化程度：★★★☆☆

品质型：HR赫莲娜胶原蛋白晚霜

丰富的夜间肌肤修复精华，在睡眠中为肌肤细胞更新能量，活肤养颜，让肌肤充分吸收的胶原蛋白能量促进细胞新生，重获弹性肌肤。

营养度：★★★★☆

抗老化程度：★★★☆☆

2. 抗老因子之抗氧化剂

抗氧化剂主要用于捕捉肌肤细胞中的自由基，减少细胞因为过量物质能量反应所带来的副作用。维生素能够为肌肤提供丰富的抗氧化成分，在体内合成抗氧化因子，帮助抵抗氧气不良影响为肌肤造成的损害。

口碑推荐

经济型：水芝澳绿茶抗氧化面霜

丰富绿茶精华带来天然维生素和茶多酚，帮助肌肤生成抗氧化因子。强效保湿同时可以美白滋润肌肤，为肌肤提供天然营养。

营养度：★★★★☆

抗老化程度：★★★☆☆

品质型：雅诗兰黛全日防护复合面霜

为肌肤建立主动复合的抗氧化反应系统，提供天然的抗氧化保护屏障。独有UVA/UVB防护因子，抵御外界因素对肌肤的伤害。

营养度：★★★★☆

抗老化程度：★★★★☆

3. 自制面霜几要素

了解完保养品对于抗衰老的主要成分之后，我们不禁要想，动辄上千元的昂贵抗老面霜虽然效果优越，但是同时也让很多平民阶层望洋兴叹。聪明的你一定想到了，既然这些昂贵的面霜使用的都是几种常见的抗老化物质，那我们是否可以自制一些加入了天然成分的抗衰老面霜呢？答案当然是肯定的，运用天然的果蔬材料，一样可以DIY出自然健康的天然抗老面霜。

(1)底霜的选择

在抗衰老的课程中我们了解到，胶原蛋白和抗氧化剂是许多面霜都会选择的两个最主要抗老成分，那么我们选择底霜的时候也应该以这两个标准为主，选择一些含有抗老化成分的面霜作为底霜，然后再在其中添加一些天然维生素、氨基酸等成分，帮助肌肤更全面的吸收抗老营养成分。

(2)DIY自制底霜

如果你不喜欢在已经成型的产品中再添加天然成分，不妨直接去药房和超市购买乳化剂，自己调配底霜。一般来说一瓶底霜需要6克左右的乳化剂就可以生成，喜欢稠稠的面霜质地的美眉可以酌量再增加一些乳化剂。

(3)添加物的选择

有了底霜，现在我们就可以来寻找适宜的营养成分了，天然果蔬中具有丰富的维生素成分，但是维生素本身极易分解，因此最好是选择一些天然精油来制作面霜。同时，商场里还有许多蛋白粉、绿茶粉等DIY材料可供购买，这些材料也都可以使用在面霜中。

DIY面霜一：绿茶水果抗氧化面霜

材料：甘油2克，乳化剂6克，绿茶粉10克，纯净水50毫升，苹果花精油2毫升。

制作：将上述材料放入消毒过的空瓶内，搅拌均匀，直到乳化剂反应成粘稠的霜状物，再添加适量的抗菌剂即可制成面霜。

功效：高效抗氧化，滋润养颜。

DIY面霜二：水晶红酒面霜

材料：玫瑰精油2毫升，红酒15毫升，纯净水40毫升，乳化剂6克，维生素E油剂3克。

制作：将上述材料放在干净的容器内调和均匀，让乳化剂充分反应至霜状，加入化妆品抗菌剂，放进密封的盒子里即可使用。

功效：红酒滋润皮肤，玫瑰精油调理气血，长期使用可以使肤色红润细腻。

完美肌肤，健康心态，天天养颜，靓丽一生

美丽是发自内心的欢喜，自信、感恩、热爱生活是女人美丽的源泉。
坚持、坚定对美丽的信念。了解自己，发现自己，
有针对的解决所有的肌肤问题，每天给自己些许的时间，
哪怕只有5分钟，
但是关爱自己的肌肤，关爱自己的身心，
是让自己保持年轻，健康，靓丽的关键。
衷心希望，每一位女性，
都能在此找到自己肌肤的解决方法，
共同体验养颜的乐趣，
感受生活赐予我们的美好。

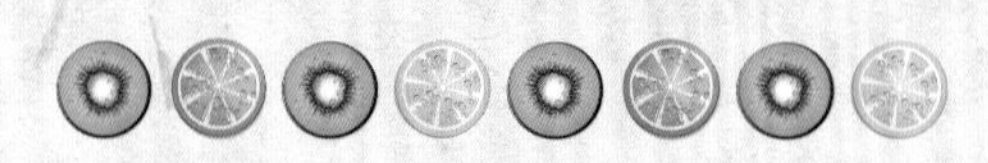